困境
逆襲
重生

既然崖邊已經沒有退路，
不如放手一搏義無反顧

U0068311

「每次都遇到渣對象，再也不相信能遇見好的人……」

「發現好友向其他人偷說自己壞話，心如刀割……」

「父母總是親情勒索，已經快得憂鬱症了……」

致在生活地獄中掙扎求生的你，
既然已經被逼到了峭壁，那不如放手一搏！

莫宸 著

目錄

第三輯　自己命運自己把握

第四輯　懂得放棄

目錄

第五輯　選擇有意義的生命價值

第六輯　別猶豫，行動吧！

尾聲——給自己一段懸崖

前言

社會上機遇與挑戰並存，面對上不能上、下又不敢下的生存狀況，我們必須用最短的時間選出一條自己的出路。如果我們始終對自己的選擇深信不疑，那麼必定將有一條平坦暢通的大道向我們鋪開。

如果你還在舉棋不定，不能果斷而明智的選擇，那麼本書將引領你開拓自己的天地、建立自己的精神認知，並選擇對自己有意義的生命價值。

編者

引子

有這樣一則故事：

有兩位青年學者跋山涉水，去遠僻之地考察，他們經歷了一番千辛萬苦，蒙上天眷顧，他們意外的取得了驚人的成果。正待他們準備按原路返回時，卻發現原路已被一群惡狼堵住了，惡狼們呲著牙，凶神惡煞般看著他們，此刻，他們才發現，他們已立身於懸崖邊緣，無意中他們發現距離懸崖頂往下四、五米處有一棵橫出來的樹幹，可以躲避眼前的危險。

於是他們就跳到了樹幹上，等到他們倆抓到樹幹時，問題又出現了，原來，此處就有這麼一棵樹幹，再往下則是深不見底，看不見任何可以救命的東西。這時，其中一個青年學者對另一個說：「我們爬又爬不回去，還是跳下去吧。否則我們取得的考察成果也就無任何意義了，跳下去可能生還，在這裡只能等死。」而另一個人聽完他的話，說：「我不跳，跳下去肯定會死，在這裡有可能會得到他人幫助，所以不跳才有可能生還，這樣我們的考察成果才有意義，有價值。」

第一個人聽後，就不想再爭辯了，勇敢的跳了下去，而第二個人就留在了那裡。說這樣一則故事，我們的主要目的不是討論這兩個人誰會活，誰會死的問題，而是更多的探討人們對待困境與危機的態度問題。從這個故事中，我們能得到如下六點啟示：

1．不要靜待他人幫助。
2．擁有自己的精神認知。
3．自己命運自己把握。
4．懂得放棄。
5．選擇有意義的生命價值。
6．別猶豫，行動吧！

第一輯　不要靜待他人助

見「危機」者存

危機是危險也是機遇。危機的到來總是猝不及防的，它檢測著生命的智商與毅力。

——富蘭克林

危機往往潛隱在溫情脈脈的面紗後面。危機的可怕在這裡，危機的可愛也在這裡。

生命或生活隨時隨地都可能遇上危機，人的一生充滿了大大小小的危機。小的危機讓人驚異，大的危機讓人驚駭。

然而，見危不見機者大有人在，所以大危機降臨便有許多人驚慌失措。見機不見危者亦不乏在，冒險或鋌而走險就是這樣產生的。我們讚賞的則是見危又見機者，見危可以如履薄冰，見機可以相機而行。安全的抓住機遇，危機就會化為良機。就如引言中的兩個人，跳下去的那個人雖然知道危險，但他有可能就抓住了機遇，從而得到危機的「垂愛」。

張寶文當年為來臺灣開演唱會的麥可・傑克森擔任貼身保鏢，並規劃所有保全事宜，從此一炮走紅。當時少有從事人身保全的行業，更從來沒有人敢介入重量級人士短期在臺灣的保全業務。

當時在新光保全擔任業務員的張寶文腦筋動得很快，出動人力遊說主辦麥可．傑克森來臺灣的同聯文化公司，接下了這樁生意。因為他早就看到了不可多得的機遇。

當時他甚至還沒有辭去原公司的職務，而是利用下班時間籌劃這位國際級巨星來臺灣的保全事宜。

張寶文當過兵，他把政府大官蒞臨現場的「守則」拿出來照本宣科，把第一樁生意給做了下來，雖沒有獲利，卻已得名。此後辛蒂．克勞馥、李察吉爾，甚至連素來以難以應付聞名的惠妮．休斯頓，都深感讚賞。

原來，當一個人準備要有所作為，而且非成功不可的時候，一定要懂得抓住機遇，因為抓住機遇就意味著成功了一半。

逼出來的奇蹟

當人本身受到困境的包圍時，會本能的調集全部力量，使盡全身解數來逃脫困境。

——海明威

在我們的一生中，有時會碰上一些重要的關口和轉捩點。一個艱難的境遇，有時就能改變人的前進方向。

歲月蹉跎，當我們回顧人生往事、探尋人生轉折時，一般人們都是到哪年上大學，哪年工作，哪年調到另一個公司等等。也有人提到和相交多年的戀人分手、結婚以及與父母的離別等。

但是，這些轉折都屬於物理的變化，不一定必然發生心理的「轉機」。當然，物理上的「變化」同時也帶來心理上「轉機」的情況固然有，但是現實當中，多數情況下兩者到來的時間並不一致。外部環境輕易不能改變，而人們的心理卻可以改變。

所以，外表上沒有一絲變化，心裡卻暗暗的想著「生活應該另有一番天地」的人，能夠轉變人生的方向。即使沒有「變化」，由於自己情緒上的原因，也有可能發生「轉機」，甚至出現「奇蹟」。

麥可．喬丹是籃球場上最具有創造力的人。他曾經說過，他各種令人瞠目結舌如天外飛來的奇特攻籃方式，並非事先設計好的，而是被防守者逼出來的。

因為若要有辦法從包夾的人群中穿出來，還要閃過籃下七尺大漢凌空蓋下來的巨掌，就得在那節骨眼上更快一步、多一個旋轉、多一秒在空中懸浮住，更慢一點讓地心引力發揮作用，以及以一個更奇怪角度的出手，這不是面對一個空蕩蕩無阻攔的籃框所能做得到的。

所以困境的意義正是被包夾、被封阻、陷入一種進退維谷、無路可走的狀態，你得奮力想出並打開一條險路來，當眼前有著坦坦大道可供你吹著口哨愉快大步前進時，人通常沒必要也不會如此找麻煩。

面對現實需要勇氣

現實是不可更改的。許多事情可以重來，現實不能。現實就是現實，是你必須面對的唯一選擇。

——卡內基

現實就是活生生的存在，就是你不能繞過也無法繞過的一種客觀，就是你承認也得接受不承認也得接受的嚴峻事實。

我們把敢於和善於面對現實的，稱之為現實主義者。現實主義者不是沒有浪漫，不是不想浪漫，而是懂得離開現實的浪漫只是一種夢幻般的慰藉。生命沒有必要拿虛渺的東西來哄騙自己。面對現實，就是面對真實。

但面對真實是需要勇氣的！因為它也許給你帶來不快，甚至恐懼。

在事情沒有定型為現實之前，你可以百般努力，一旦定型你就要達觀的予以接受，這就叫明智。

歷史上，原本回紇跟唐朝關係不錯，受了吐蕃的引誘，忽然集合三十萬大軍來攻打唐朝。於是，代宗命郭子儀率兵抵抗，可是他手下只有一萬人左右。在這種情況下，他居然只帶了幾名部下，就騎馬到回紇營去。

到了回紇營，他大膽的跟回紇君主說：「我們兩國一向和睦相處，為什麼你們要違背盟約，來攻打唐朝呢？我們兩國應該繼續維持友好的關係才對，如果你們確實要攻打，就請先將我殺了吧！」

結果，回紇營的人聽到他這一番話，都感到非常羞愧，於是不但對唐朝退兵，還把吐蕃打敗。

其實面對現實，面對危機的確需要勇氣作為後盾。當你的勇氣不夠時，也許可以想想郭子儀這個最大勇氣的「後盾」，那麼，你眼前的危險還有什麼可懼怕的呢？

確立希望

擁有堅定希望的人可以成為領袖。

——拿破崙

在我們一生當中，挫折是在所難免的，重要的不是避免挫折，而是要在挫折面前採取積極進取的態度。

挫折乃至失敗並不可怕，可怕的是因為經歷了挫折和失敗而變得失望，放棄了自己應該有的追求。

如果你是一個聰明的人，最好做法應該是，審視自己所受的挫折甚至失敗，使挫折成為成功的階梯，從此出發，重建自信，重新加入生活的戰鬥。

十幾年前，有一位重要人物準備對南卡羅萊納州一個學院的學生發表演說。這個學院規模不大，整個禮堂坐滿了學生，他們為有機會聆聽一個大人物的演說而興奮不已。演講開始，一位女士走到麥克風前，掃視了一遍聽眾，說：「我的生母是聾啞人，因此沒有辦法說話；我不知道自己的父親是誰，也不知道他是否還在人間。對我來說，生活陷入艱難之中，而我這輩子的第一份工作，是到棉花田去做事。」

台下一片寂靜，聽眾顯然都驚呆了。

「如果情況不如人意，我們總可以想辦法加以改變。」她繼續說，「一個人的未來怎麼樣，不是因為運氣，不是因為環境，也不是因為生下來的狀況。」她重複著方才說過的話，「如果情況不如人意，我們總可以想辦法加以改變。」

「一個人若想改變眼前充滿不幸或無法盡如人意的情況，那他只要回答這樣一個簡單的問題：『我希望情況變成什麼樣？』確定你的希望，然後就全身心投入，不採取行動，朝著你的理想目標前進即可。」

隨後她的臉上綻出美麗的笑容：「我的名字叫阿濟．泰勒．摩爾頓，今天我以美國財政部長的身分，站在這裡。」

所以說，艱難並不可怕，可怕的是你面對艱難困苦而萎靡不振，趴下了爬不起來。人若積極的朝著希望前行，逆境反而可以成為動力。帶你駛向理想的目標。

槍斃你的痛苦

人懼怕自由和責任，所以人們寧願藏身在自鑄的牢籠中。

——卡夫卡

有這樣一則卡夫卡的寓言：

有一隻禿鷹，猛烈的啄著村夫的雙腳，將他的靴子和襪子撕成碎片後，便狠狠的啃起村夫雙腳來了。正好這時有一位紳士經過，看見村夫如此鮮血淋漓的忍受痛苦，不禁駐足問他，為什麼要受禿鷹啄食呢？村夫答道：「我沒有辦法啊。這隻禿鷹剛開始襲擊我的時候，我曾經試圖趕走牠，但是牠太頑強了，幾乎抓傷我臉頰，因此我寧願犧牲雙腳。呵，我的腳差不多被撕成碎屑了，真可怕！」

紳士說：「你只要一槍就可以結束牠的性命呀。」村夫聽了，尖聲叫嚷著：「真的嗎？那麼你助我一臂之力好嗎？」

紳士回答：「我很樂意幫你，可是我得去拿槍，你還能支撐一下嗎？」

在劇痛中呻吟的村夫，強忍著撕扯的痛苦說：「無論如何，我會忍下去的。」

於是紳士飛快的跑去拿槍。但就在紳士轉身的瞬間，禿鷹驀然拔身衝起，在空中把身子向後拉得遠遠的，以便獲得更大的衝力，如同一根標槍般，把牠的利喙刺向村夫的喉頭，深深插入。村夫終於等不及的撲死在地了。死前稍感安慰的是，禿鷹也因太過費力，淹溺在村夫的血泊中。

也許有人會問：「村夫為什麼不自己去拿槍結束禿鷹的性命，寧願像傻瓜一樣忍受禿鷹的襲擊？其實禿鷹只是一個比喻，牠象徵著縈繞人生的內在與外在的痛苦。

其實，任何一個凡人，都會不知不覺的像村夫一樣，沉溺於自己臆造幻想中，痛苦得不能自拔，甚至，「愛」上自己的痛苦，不願親手揮掉它，儘管是舉手之勞而已。所以，村夫與他臆想的痛苦（禿鷹）同歸於盡。其實面對痛苦，不要等待別人解決你的痛苦，只要願意，你可以超越它，槍斃了你的痛苦。

選擇堅強

當靈魂赤裸在蒼涼的天和地，我只有選擇堅強來拯救自己。

——指南針樂隊

人應當堅強，堅強是生命進步的內在動力，與強相聯繫的詞彙多催人奮進，如富強、剛強、頑強、自強、奮發圖強等等，強是一種力量的顯示，強了就不會被人歧視，就會勇於正視危機的挑戰。

在某週刊上看到這樣一個故事：一位自小患有白血病的小女孩已經先後做過三十次化療，而且正準備做第三十一次化療。她有一句話，給筆者印象特別深刻：人的生命只有一回，不管命運對我公平與否，我始終選擇堅強。雖然白血病的存活率和治癒率僅有百分之四左右，然而她在經歷了三十多次化療的折磨之後卻還能堅強的站起來與命運頑強的抗爭，這份對生命的渴望與執著和對不幸的藐視與鬥爭，值得我們這些健康人去學習。從這位小女孩身上，我們可以感受到「選擇堅強」四個字的真正涵義和分量。

人的一生難免會碰到不如意、不順心的時候，所謂的「心想事成」也只是人們的一種美好願望。所以，一味的渴求「天遂人願」是不現實的，更是愚蠢的。人們應當把更多的精力和時間放在如何應對和擺脫逆境上，這才是明智之舉。

身陷逆境的時候，徬徨、失措、痛苦、低迷非但無濟於事，反而會加重人的心理負擔，額外的給問題的解決製造重重障礙。更何況，不論做什麼事都講究一個時機，過度的徬徨、猶豫就會貽誤「戰機」，結果很可能就永無翻身之時了。

對逆境中的人來說，最首要的就是堅強。只有選擇了堅強，人們才能在不利的環境下保持一份平常的心態和昂揚的鬥志，為下一步反攻做好充分的心理準備，同時還可以把自己調整到最佳的競技狀態；只有選擇了堅強，你才能用一顆冷靜的頭腦來應對周圍可能出現的一切狀況，這樣就不至於把自己搞得手忙腳亂，落到被動挨打的地步；只有選擇了堅強，人們才能在經歷了一次又一次的打擊之後，重新鼓起勇氣和信心迎接新一輪的挑戰，正所謂「屢戰屢敗，屢敗屢戰」。等到時機成熟後，就能從逆境中真正解脫出來。

當然，人總會有脆弱的一面。然而應該選擇堅強的時候，你就絕不能把脆弱的一面暴露出來。身患絕症的小女孩，在面對生與死的考驗時尚且能夠坦然的選擇堅強；我們這些健康人遇挫折和不幸的時候，為什麼就要選擇放棄和痛苦呢？難道我們連這麼一點勇氣也沒有了嗎？願人們都能勇敢的選擇堅強，坦然的面對人生。

自立是匹千里馬

自立的人，他永遠蘊藏著耗竭不盡的力量。

——叔本華

成功的大門始終為擁有自立精神的人敞開著，艱難的現狀和不利於自己的困境阻擋不了他前進的步伐。不向現狀低頭和妥協，你就會擁有著走向成功的最大動力。最終實踐將會證明，人生中沒有根本不可能戰勝的困難和危機。

生活中的每個人在生活時和工作時，需要的是自助自立精神，而非靠來自他人的影響力，也不能依賴他人。

正常的一個人最大的兩個敵人是自疑和害怕失敗。它們經常扯我們的後腿，不讓我們去嘗試。就像引言故事中抓住樹幹吊著的人，他害怕失敗，更確切的說，他害怕死亡——不一定死，他不敢跳下去，他不敢去嘗試。

一百多年前，美國費城有幾個高中畢業生因為沒錢上大學，只好去請求仰慕已久的康惠爾牧師教他們讀書。康惠爾牧師答應了他們，但他想到，還有那麼多年輕人沒錢上大學，要是能為他們辦一所學校該多好啊！

於是，他四處奔走，為籌辦一所大學向各界人士募捐。當時辦一所大學大約需要投資一百五十萬美元，而他辛苦奔波了五年，連一千美元也沒籌到。顯然，這個情況使他意識到，大學辦不成了，自己的打算不過是異想天開。這一天，他情緒低落的走回教室，發現路邊的草坪上有成片的草枯黃歪倒，很不像樣。他便問園丁：「為什麼這裡的草長得不如別處的草呢？」

園丁回答說：「你看這裡的草長得不好，是因為你把這些草和別處的草相比較的緣故。

看來，我們常常是看到別人美麗的草地，希望別人的草地就是自己的草地，卻很少去整治自己的草地。」

這句話使康惠爾恍然大悟，於是他開始到各地去演講。七年之後，他賺了八百萬元，終於建起了一所大學。

當你羨慕別人的才能、幸運和成就時，你唯一能做的就是下工夫「自己整治自己的草地」，唯有這樣，才會有希望，才會有瀟灑的人生。

積極開發自身的潛能，重新認識自我，人人都有巨大的能量，你自己就是一匹千里馬，可夜走八百，日行千里。

自立的真正含義就是實事求是的奮蹄，這時你便知道自己能夠獨自的奔騰千里，到達自己所希望的目的的。

通向成功的「死路」

每個人的思維或審美總是有一個固定模式，而且不願打破，所以，很多時候，埋沒天才的不是別人，恰恰是自己。此路不通，就該換條路試試。

——卡內基

在一屆很權威的生活攝影大賽中，喬·里森終獲金獎，從千千萬萬攝影愛好者中脫穎而出。

喬·里森被音樂和掌聲簇擁上台，談及獲獎感想，喬·里森開口便說：「那不是我最好的作品……」台下一片譁然，以為他狂，誰知他講的是實情。半年前，他家中失火，照片底片全部被燒光，參加評比的那幅是相簿中放不下淘汰下來，被妻子拿到丈母娘家去才得以倖存的。

眾人便折服於他的才氣，想像在大火中化為灰燼的那些「最好的」不知要好到怎樣。一個金獎讓他信心倍增，下一屆大賽前，他甄選加精選，送出自己最滿意的作品，卻沒有再獲獎。

此後的每一屆攝影比賽他都憋足了勁，卻終究沒有再獲獎。鑒於此，便有人想到，獲金獎之前他也曾數度參加評獎，均空手而回。他唯一的那個金獎也許正因為「那不是最好的」，要是沒有大火的淘汰，要總是按他自己的那個「最好」的標準，他也許永遠與金獎無緣。

這個故事是一個非常成功的巧合。它或許就是我們平常所說的逆向思考；對於一個有自立精神的人來說，生活中有時很自然的出現像喬·里森那樣的事情。它從反面給了我們一個提示。就是你認為這條路是死路，但它往往跟我們開個玩笑——它真的能夠通向成功。

對於一個懷著自立精神、熱衷追求和發展事業的人來說，社會的需要是最現實的動力。人一旦意識到這一點，並會以滿足社會的需要為己任、繼而產生一種創造動機。但是這種創造動機一旦不為市場所需要或和市場不協調了，那麼，你就要重新進行調整，也就是平時我們所說的——此路不通走彼路，成功之路萬千條，終有一條通「羅馬」。

失敗與成功一米之遙

成功的人並不是最優秀的人，而是最會抓住機會表現自己並堅定目標的人。

——里爾森

生活中總有些人多年來只是踱步在頹喪保守的道路上。當年輕時剛踏入社會之際，每個人都懷抱著美麗的夢想和遠大的抱負向未來出發，走向豐富璀璨的人生之旅。

實際上最能展現自立精神的不和現狀妥協的，有兩個較為重要的內容，一是對追求的目標要堅持，二是要善於面對環境，抓住機會。

一九八〇年代，在美國亞利桑那州有位男子，找尋一座位於茲默斯頓小鎮附近的豐富銀礦礦脈。他努力找尋了幾年。有一次，在一座小山的側向掘出了大約兩百米的坑道。但是，這座掘出坑道的銀礦卻早已被挖掘一空了，面對這個現狀，他失望極了，於是就放棄了原來的計畫，不久，他也因為承受不住這次事件的打擊去世了。

十年後，某礦山公司買下茲默斯頓地區的幾處礦區。這家礦山公司重新挖掘了當年被放棄的礦脈，就在距離廢棄的坑道一米左右的地點，發現了從來未有的豐富銀礦脈。

相隔只不過一米，卻相差了幾百萬的美元。

所以，擁有自立精神的人，在追求的過程中，一定要堅信自己的目標。自立者如果做事總是半途而廢，那他們所謂的自立，就沒有什麼價值了。事實就是這樣，就像樵夫砍樹，縱然砍擊的次數多達一千次，但使大樹倒下去的往往是那最後一擊。

有「黑珍珠」之稱的球王貝利，在一九八〇年代曾經到過臺灣，並接受了記者的訪問。

當記者問他對臺灣球員的感想時，貝利說：「我覺得，你們球員的技術都很不錯，只有一個缺點，就是太愛長傳。當自己隊友在較有利位置時長傳過去當然不錯，但是若自己有能力迫近球門時，更應把握機會單刀直入。假使人人都希望傳給隊友進攻，大家都不願在必要時獨當大任，又怎麼能贏球呢？所以在比賽時，不但隊友之間要有密切的配合，每一個球員自己，更應有不向現狀妥協的自立精神，隨時負起衝鋒的責任。只要你衡量情勢，認為是自己帶球進攻的機會，就要勇往直前。這不是出風頭，而是獨立作戰的表現。」

因此我們可以這樣說：「成功和失敗之別，其差異猶如薄紙一隔。就在於你向現狀是否妥協。不妥協，你就又向成功邁進了一步。

只有自己才能救自己

人要首先從熱愛自己開始，並相信自己是自己最好的救星。

——雨果

要懂得在這個世界上沒有人能真正救助自己，只有自己才能救助自己，除非你不想自救。

你有時候會覺得外部的幫助是一種幸運。但是，從不利的方面看，外部的幫助常常又是禍根，給你錢的人並不是你最好的朋友。你的朋友是鞭策你，迫使你自立、自助的那些人。

沒有哪個寄人籬下的健全人會覺得他是個真正的男子漢。

古代有這樣一個故事：

有個人在屋簷下躲雨，看見一個和尚正撐傘走過。

這人說：「大師，普渡一下眾生吧，帶我一段如何？」

和尚說：「我在雨裡，你在簷下，而簷下無雨，你不需要我度。」

這人立刻跳出簷下，站在雨中：「現在我也在雨中了，該度我了吧？」

和尚說：「我也在雨中，你也在雨中，我不被淋，因為有傘；你被雨淋，因為無傘。所以不是我自己度自己，而是傘度我，你要被雨度，不必找我，請自找傘！」說完便走了。

只有當一個人感到所有外部的幫助都已被切斷之後，他才會盡最大的努力，以最堅韌不拔的毅力去奮鬥，因為救助自己的只能是他自己的努力，他必須自力更生，否則就要蒙受失敗之辱，甚或死亡。

被迫完全依靠自己、絕沒有任何外部援助的處境是最有意義的，它能激發一個人身上最重要的東西，它會讓你的自立精神全部展現出來。

讓人全力以赴，就像十萬火急的關頭，一場火災或別的什麼災難會激發出當事人做夢都沒想到過的一股力量。危急關頭，不知從哪裡來的力量為他解了圍。他覺得自己成了個巨人，他完成了危機出現之前根本無力做成的事情。當他的生命危在旦夕，當他被困在出了事故、隨時都會著火的車子裡，當他乘坐的船即將沉沒時，他必須當機立斷、採取措施，渡過難關，脫離險境。

拋開拐杖自己獨行

面對逆境與挫折，自怨自艾無濟於事，只有堅定自己的精神，振作起來，才有望達到人生之途中輝煌的巔峰。

不依賴別人，是少數強者的特權。

你有沒有想過，我們所認識的人中有多少人只是在等待？其中很多人不知道等的是什麼，但他們在等某些東西。他們隱約覺得，會有什麼東西降臨，會有些好運氣，或是會有什麼機會發生，或是會有某個人幫他們，這樣他們就可以在沒受過教育，沒有充分的準備和資金的情況下為自己獲得一個開端，或是繼續前進——很多的時候和情況下，這是一種幻想——或根本就沒有這種時候和情況。

只有拋棄每一根拐杖，破釜沉舟，依靠自己，才能贏得最後的勝利。自立是打開成功之門的鑰匙；自立也是力量的源泉。

一位很有實力的老闆準備讓自己的兒子先到另一家企業裡工作，讓他在那裡鍛鍊鍛鍊，吃吃苦頭。他不想讓兒子一開始就和自己在一起，因為他擔心兒子總是依賴他，期待他的幫助。

在父親的溺愛和庇護下，想什麼時候來就什麼時候來，想什麼時候走就什麼時候走的孩子很少會有出息。只有自立精神能給人以力量與自信，只有依靠自己才能培養成就感和做事能力。

有種培養和教育孩子的做法非常危險，就是把孩子放在可以依靠父親或是可以指望幫助的地方。在一個可以觸到底的淺水處是無法學會游泳的。而在一個很深的水域，孩子會學得更快更好。當他無後路可退時，他就會安全的抵達河岸。依賴性強、好逸惡勞是人的天性。而只有「迫不得已」的形勢才能激發出身體裡最大的潛力。

總是待在家裡、又總是得到父親幫助的孩子一般都沒有太大的出息，就是這個道理。而一旦當他們不得不依靠自己，不得不動手去做，或是在蒙受了失敗之辱時，他們通常就能在很短的時間內發揮處驚人的能力來。

所以，一旦你不再需要別人的援助，自立自強起來，你就能從容應對各種困境和挑戰。一旦你拋棄所有外來的幫助，你就會激發出從未產生過的驚人的力量。那時，成功就會赫然出現在你的眼前！

輝煌等於苦難加鬥志

因為害怕危險和困難而放棄行動，這只能說明生命力量的懦弱。讓鬥志使生命之樹常青，這才是生命意義的積極寫照。

在這個地球上有許多人因為沒有經歷苦難的磨練，激發不出他們體內潛伏著的力量來，因此他們的才能永遠得不到淋漓盡致的發揮。而只有努力奮進擁有不屈的鬥志才能幫助人們擺脫危機和困擾達到成功的境地。

障礙與苦難並不是我們的仇人，而是我們的恩人。因為我們人人都有一種逆反的心理，這種逆反的心理在人體裡發展了反對的力量。正是苦難與障礙的出現，使得我們體內克服障礙、抵制苦難的力量，得以發展。

這就好像森林裡的橡樹，經過千百次暴風雨的摧殘，非但不會折斷，反而越見挺拔。正像暴風雨吹打橡樹一般，人們所承受的種種痛苦、磨難，也在啟發人們的才能，鍛造了人們不屈的鬥志。

其實，社會上的各種職業、技藝與事業，莫不如此，都是困難嚇退了一些庸碌的競爭者，而顯露出非凡者。斯潘琴說：「許多人的生命之所以偉大，都來自他們所承受的苦難。」最好的才幹往往是從烈火中冶煉的，從頑石上磨練出來的。

在馬德里的監獄裡，賽凡提斯寫成了著名的《唐吉訶德》，那時他窮困潦倒，甚至連稿紙也無力購買，把小塊的皮革當作紙寫。

有人勸一位富裕的西班牙人來資助他，可是那位富翁答道：「上帝禁止我去接濟他的生活，唯因他的貧窮才使世界富有。」

在那個時代，監獄往往能喚起許多高貴人士心中沉睡著的火焰。《魯賓遜漂流記》一書也是寫在牢獄中的，一部《聖遊記》也誕生在貝德福德的監獄中。瓦爾德．羅利爵士那著名的《世界歷史》，也是在他被困監獄的十三年當中寫成的。

馬丁．路德被監禁在華脫堡堡壘的時候，把聖經譯成了德文。但丁被宣判死刑，在他被放逐的二十年中，他仍然孜孜不倦的在那裡工作。約瑟嘗盡了地坑和暗牢的痛苦，終於當上了埃及的宰相。

班揚甚至說：「如果可能的話，我寧願祈禱更多的苦難降臨到我的身上。」

一個真正勇敢的人，越為環境所迫，反而越加奮勇，不戰慄不逡巡，昂首挺胸，意志堅定；他敢於對付任何困難，輕視任何厄運，嘲笑任何障礙，因為貧窮困苦不足以損他毫髮，反而增強了他的意志、品格、力量與決心，這使他成為所有人中最卓越的人。

對於這樣的人，命運無法阻擋他們的前進。

與困難一飛沖天

偉大高貴人物最明顯的標識，就是他堅定的鬥志，不管環境變化到何種地步，他的初衷與希望，仍然不會有絲毫的改變，而終至克服障礙，以達到所希望的目的。

——愛迪生

有一個人問一個已學會溜冰的人，他是怎樣學會溜冰的？那個人回答道：「哦，跌倒了爬起來，爬起來再跌倒，就學會了。」往往使得個人成功，使得事業勝利的，實際上就是這樣擁有頑強不屈鬥志的一種精神。跌倒不算失敗，跌倒了站不起來，才是失敗。

因此要測驗一個人的鬥志，最好是看他失敗以後怎樣行動。失敗以後，能否激發他的更多的計謀與新的智慧？能否激發他潛在的力量？是增加了他的決斷力，還是使他心灰意冷呢？

很早以前有一位孤獨的年輕畫家，除了理想，他一無所有，為了理想，他毅然遠行。起初他到坎薩斯城的一家報社應聘，因為那裡的良好氛圍正是他所需要的。但主編看了他的作品後認為缺乏新意而不予錄用，他初嘗了失敗的滋味。

之後，他替教堂作畫，收取低廉的報酬。由於報酬低，他無力租用畫室，只好借用一家廢棄的車庫。一天，疲倦的畫家在昏黃的燈光下看見一對亮晶晶的小眼睛，是一隻小老鼠。他微笑著注視著牠，而牠卻像影子一樣溜了。後來小老鼠又一次次出現。他從來沒有傷害過牠，甚至連嚇唬都沒有。牠在地板上做多種活動，表演雜技，而他就獎勵牠一點麵包屑。漸漸的，他們互相信任，彼此建立了友誼。

以後不久，這位畫家被介紹到好萊塢去製作一部以動物為主的卡通片。這可是個難得的機會，但他再次失敗了。

在黑夜裡，他苦苦思索自己的出路，甚至開始懷疑自己的天賦。就在他潦倒不堪的時候，他那不屈的鬥志又發揮了作用，他對自己說，別懼怕失敗，我還有機會的。他突然想起車庫裡的那隻小老鼠，靈感在黑夜裡閃出一道光芒。他迅速畫出一隻老鼠的輪廓。

有史以來，最偉大的卡通形象——米老鼠就這樣誕生了，華特．迪士尼也因此揚名。

據說古代一個武士若想出人頭地，須到試練場去不斷的磨礪，不斷的去經受失敗的洗禮以期提高武功，修練功夫。

對普通人而言，失敗是人生的試練場，在一個人除了自己的生命以外，一切都已喪失的情況下，內在的力量到底還有多少？沒有勇氣繼續奮鬥的人，自認挫敗的人，那麼他所有的能力，便會全部消失。而只有毫無畏懼、勇往直前、永不放棄人生責任而擁有鬥志的人，才會在自己的生命裡有偉大的進展。

舔蜂蜜逃生

一個生活的勇士，會永遠含著微笑，從容走進生命旅程中的風風雨雨，在那裡留下偉岸和義無反顧的身影。

也許，我們的心靈常常會因為偶爾各式各樣的事情而哭泣，但越是這種時候越是需要我們多一些鬥志，越是接近勝利的時候越是難以忍受，正如越是接近天明越是黑暗一樣。

任何一種有價值的追求無不是一種風險的代償物，因而，對於風險的真正體驗也就是對於鬥志本質的深刻認同。

的確，我們不得不承認，在困難面前，有許多人對生活失去了信心，喪失了鬥志。對於沒有積極進取的事業心的人來說，困境是一場滅頂的災難，困難和不幸可以毫不留情的撕碎他們的各種幻想甚至生存的意念，湮沒他們對未來的美好希冀。

一個旅行者在草原上被一隻狂怒的野獸追趕，為了逃生，躲進一口無水的井中。但不可意想的是，井底竟然有一條丈八大蟒，張著血盆大口想吞噬他。這個不幸的人不敢爬出井口，否則就會被狂怒的野獸吃掉；他也不敢跳入井底，否則會被巨蟒吞噬。他抓住井縫裡生長出的野灌木枝條，死死的抓住不放。

支撐了一會他的手越來越無力，他感到不久就會向危險投降，那危險正在井口和井底兩頭等著他。他仍然死死的抓住灌木。忽然，兩隻老鼠繞著他抓住的灌木枝條轉了一個圈，然後從各方啃噬。灌木隨時都會斷裂，他隨時都會落入蟒的巨口。

他目睹這一切，深知必死無疑，那種求生的鬥志使他死死抓住灌木的時候，卻看見灌木的樹枝上掛著幾滴蜂蜜，他便把舌頭伸了過去……

蜂蜜帶給了他無窮的力量，最終他依靠堅定不屈的鬥志逃離了厄運。

在與天災大難的鬥爭中，那些喪失鬥志的人們只是坐以待斃，而唯有那些鬥志堅強的人，才會去努力克服外在的一切障礙去爭取勝利。

「不同」孕育新路

人生的追求就是一場馬拉松競賽，在向理想目標挺進的過程中，無時無刻的不經受著各種挑戰，唯有靠矢志不移的鬥志，才能征服一切。

在每一個國家、每一個時代，都有靠自己闖出一條新路的偉大人物，比如孫中山、史蒂文生、富爾頓、貝爾、愛迪生、萊特兄弟等等。他們都是闖出新路的健將。

鬥志，是進取者必須具備的特點。在人類歷史中，只有那些相信自己、做事不退縮、勇敢而富有創造力的人，和那些具有冒險精神的人，才能成就偉大的事業。

那些鬥志旺盛、闖出新路的偉人，他們絕不抄襲他人，模仿他人，也不願意墨守成規而使自己受到束縛。

拿破崙並不熟知以往的一切戰術，但他自己制定的新策略和新戰術，竟能一度戰勝全歐洲。那些有毅力、有創造力的人，往往是標新立異的先鋒；而那些懦弱膽怯而無創造力的人，永遠不會打開新的出路。

像抓住樹幹寧信有人來救，也不願激發鬥志，以「不同」於自己或他人的想法來自救的那個人，相信他是沒有什麼新路可走了。

希歐多爾．羅斯福的施政方針，絕少按照白宮前任總統們的政策方針。他做過員警、公務人員、副總統、總統，他總是按照自己的意見去做，絕不模仿他人，終於表現出驚人的政績。

依賴他人，模仿他人的人，不論他所模仿的偶像是多麼偉大，他也絕不會成功。成功不可能出自於完全的因襲和模仿，只有出於自己的創造，才能達到真正成功的境地。

在這個世界上，有鬥志和創造力的人，到處都有出路，到處都需要他。世界上所需要的是一批具有創造力的人，他們能打破舊的藩籬、打開新的局面。

勇往直前的勝利者，向著灑滿陽光的大道走去。他們不會去做已有很多人努力的某項工作，也不會用別人所用過的方法，他只做著他自己的事。目前世界上的種種進步，都是不斷打開新局面、開闢新道路的結果。

人類生活的改進，現代社會的繁榮，無一不是孕育在一批闖出新路者的腦海之中。雖然他們也會遇到困難、反抗，甚至是譏諷，但他們還是毫無顧忌的勇往直前，還是要破壞先例和舊習，創立更好的事物，以推動世界的車輪更快的向前滾動。

永不沉沒的航船

在大海上航行的船往往遇到風高浪急，冰山暗礁，但只要有必勝的信念和鬥志，總能達到目的的。

不可否認，一個人的生活目標越高，越是好強上進，就越容易敏銳的感受到挫折，但堅強的鬥志、最終會讓你到達理想的彼岸。

著名的英國勞埃德保險公司曾從拍賣市場買下一艘船，這艘船屬於荷蘭福勒船舶公司。它西元一八九四年下水，在大西洋上曾一百三十八次遭遇冰山，一百一十六次觸礁，十三次起火，兩百零七次被風暴折斷桅杆，然而它沒有沉沒。

而買來這艘船的勞埃德保險公司基於它不可思議的經歷及在保費方面帶來的客觀效益，最後決定把它從荷蘭買回來捐給國家。現在這艘外殼凸凹不平、船體微微變形的船就停泊在英國薩倫港的國家船舶博物館裡。

不過，使這艘船揚名天下的不是這個保險公司的某個人，而是一名來此觀光的律師。當時，他剛剛打輸了一場官司，委託人也於不久前自殺了。每當他遇到這樣的事情，他總有一種負罪感，不知該如何是好。

但是當他來到薩倫船舶博物館看到這艘船時，受到很大啟發。他把這艘船的歷史抄下來，和這艘船的照片一起掛在他的律師事務所裡。每當有人委託他辯護，無論輸贏，他都要建議他們去看看那艘永不沉沒的船。

對意志永不屈服的人，就沒有所謂失敗。無論成功是多麼遙遠，失敗的次數是多麼多，最後的勝利仍然在他的期待之中。狄更斯在他小說裡講到一個守財奴斯克魯奇，最初是個愛財如命、一毛不拔、殘酷無情的傢伙，他甚至把全部的精神都放在錢堆裡。可是到了晚年，他竟然變成一個慷慨的慈善家、一個寬宏大量的人、一個真誠愛人的人。

人的根性都可以由惡劣變為善良，人的事業又何嘗不能由失敗變為成功呢？

現實生活中這樣的例子也不少，許多人失敗了再起來，雖有挫折但不沮喪，昂揚著不屈不撓的鬥志，向前奮進，戰勝各種困難和危機，最終竟然獲得了成功。

「天敵」成就非凡

唯一蟬聯三次世界籃球冠軍的天才教練藍柏第有一次說：「任何一位頂天立地有作為的人，不管怎樣，最後他的內心一定會感謝堅強的鬥志。」

阿龍天生就沒有手和腳，竟能如常人一樣生活。有人因為好奇，特地去拜訪他，看他怎樣行動，怎樣吃東西。見到阿龍之後，阿龍的思想、談吐，竟教這個客人聽了十分驚異，完全忘掉了他是個殘疾人。

特殊缺陷與困難的刺激，並不是人人都能遭遇的，所以世界上真正能發現「自己」，把自己最好最高的能量發揮的人並不多見。有許多人連做夢也沒有想到自己身體裡面蘊藏著巨大的能量，有好多人甚至到死都沒有發現自己的潛力。

在現實生活中，沒有必要憎恨你的敵人，如果深入思考一下，你也許就會發現，真正促使你成功並讓你堅持到底的，真正鼓舞你鬥志讓你昂首闊步的，不是順境和優裕，不是朋友和親人，而是那些常常可以置人於困境的打擊和挫折——你的天敵。

動物學家說：沒有天敵的動物往往最先滅絕，有天敵的動物則會逐步繁衍壯大。大自然中的這一現象在人類社會也同樣存在。

人的命運同樣如此。聯合國祕書長安南，自小家境貧寒，他住在一所極其簡陋的茅舍裡，沒有窗戶，也沒有地板。距離學校非常遙遠，既沒有報紙書籍可以閱讀，更缺乏生活上一切必需品。

就在這樣的情況下，他一天要跑三十多里路，到簡陋不堪的學校裡去上課；為了自己的進修，他要去一百多里外的地方去借書，而晚上又靠著燃燒木柴發出的微弱火光閱讀。安南只受過一年的學校教育，處於艱苦卓絕的環境中，最後竟成為世界上最有影響力的人物之一。

有記者問安南，一位生長在窮鄉僻壤茅舍裡的孩子怎麼會成了聯合國祕書長。而那些生長在有圖書館和學校的環境的孩子，卻都生活平平。安南說：「我得感謝我的『敵人』——苦難與困境。

所以生活中，我們必須重視我們的「天敵」，是「天敵」磨練了我們的適應能力。就如森林中的橡樹，要是不和暴風雨搏鬥過千百次，樹幹就不會長的十分結實。人亦如此，「天敵」的攻擊，總會使我們的鬥志在求生的掙扎中更堅強，更勇敢。

迎風雨前行

生活就像登山，沒有人來這世上一遭不想登上山頂的。然而困難也像風雨變幻，沒有人一生都平坦順暢，只有具有堅強鬥志的人，才能歷經風雨，煥發生命活力，展現風雨中彩虹般的光彩。

——羅素

困難可謂是人生的敵人，也是難得的機遇，戰勝它，你便在人生的道路上跳躍了一步；繞過它，並不等於擺脫它。相反，困難依舊在原地等你，而你卻在繞行的途中離山頂越來越遠了。

一群學生相約去登山，不幸遇到了暴風雨，引起山洪爆發，滾滾而來的土石流把他們鮮活的生命永久的埋葬了。

面對這突如其來的悲劇，很多人不禁要問：「如果我們在半山腰，突然遇到暴風雨，應該怎麼辦？

登山專家說：「你應該向山頂走。」

「為什麼不往山下跑，山頂風雨不是更大嗎？」人們懷疑的問。

「往山頂走，風雨固然可能更大，卻不足以威脅你的生命。往山下跑，看來風雨小些，似乎比較安全，但卻可能遇到爆發的山洪而被活活淹死。」

「對於風雨，逃避它，你只有被捲入洪流；迎向它，你卻能獲得生存。」

也許以往的一切，對一些人來說是一部極痛苦、極失望的傷心史。所以，有的人回想過去時，會覺得自己處處遭遇風雨、處處失敗。他們因「風雨」失去了職位，因「風雨」而導致營業失敗，在這些人看來，自己的前途似乎是十分的慘澹。然而即便有上述的種種不幸，只要你保持不甘屈服的心，坦途就在你的腳下展開。

偉大的成功和業績，永遠屬於那些富有鬥志而敢於迎向風雨的人們，而不是那些一味等待機會逃避困難的人們。如果以為個人發展的機會在別的地方，在別人身上，那麼一定會遭到失敗。

擁抱缺陷

如果問人生中最重要的才能是什麼？那回答則是：第一，無所畏懼；第二，還是無所畏懼。

——巴斯德

危機困難都害怕無所畏懼的勇士。也許大家的天賦並不平等，也許人與人的命運並不公平，但這並不能成為你逃避的理由，你必須對此無所畏懼，因為生存是每個人的權利，你有義務有責任讓自己生活得更好。

許許多多的人善於夢想。無論多麼苦難不幸、窮困潦倒，他們都不屈服，始終相信好日子就在後面。

人只要具有了夢想，就有遠大的希望，才會激發人們鬥志，增強人們的努力，以求得光明的未來。

基倫是英國的一名殘疾人，他只有一隻左手，全身癱瘓在床，只有右眼能見到一絲光。一天，他在讀報紙時看到一篇文章，介紹有一位女孩，名叫威麗，與他同年，也是全身癱瘓，只有雙手可以動彈。

基倫寫了一封信安慰她，過了三個月，威麗果然給他回了信，告訴他，為給他回信，她花了整整兩個月。從此，這一對殘疾人書信往來不斷。

一天基倫收到一封信，是威麗向他求婚的。威麗在信中說：「雖然，我們絕對不能成為夫妻，但我們可以成為一對精神上的恩愛夫妻，互相關心。你同意嗎？」

基倫回信愉快的答應了。他在信上說：「親愛的威麗，我真的為你這種偉大的無所畏懼的精神感動萬分。這使我看到生命的崇高、人性的光輝，萬里之途絕不會阻隔兩顆無畏而充滿美好憧憬的心。」

基倫在家人的幫助之下，不遠千里來到了威麗身邊。他們熱愛生活，抗爭命運的鬥志，使他們奇蹟般的生存下來。基倫活到六十三歲，威麗活到六十歲。

在我們人生追求的旅途中，我們同樣會遇到各種磨難和不幸，我們絕不要自輕自賤，絕不要把自己視作一個軟弱無能的人，不會去爭取幸福的人。

只要你看到自己身上崇高的那一面，面對一切你都會無所畏懼。記住，失敗和痛苦是專為那種缺乏鬥志，缺乏無畏精神的人和那種不能發現自身神聖品質的人準備的。

第二輯　擁有自己的精神認知

志向繪製藍圖

志在峰頂的人，絕不會留戀半山腰的奇花異草而停止攀登的步伐。

——高爾基

高遠的志向就像是聖人一樣，帶領著人類走出荒蠻的沙漠，而進入一個全新的時代。如果沒有志向，人類就會在無盡的荒野中跌跌撞撞的苦苦摸索，前途和光明都將遙不可及。每個人的前途，都取決於他所擁有的志向。

十九世紀末孫中山和陸皓東。在他們之前的人想革命，不過是要自己當皇帝，可是，他們卻不這麼想，他們要讓所有的人民當國家的主人。正如你所知的，這個革命的計畫，費了十次的功夫，到了第十一次才成功。

而且，這中間撒下了多少烈士的鮮血。陸皓東更是在第一次革命的時候，就因為要保護革命人士的名冊而壯烈成仁。

正如尼采所說的：「或許很多人都認為：信念是人類一項偉大的特性。事實上，懷疑、超越道德、放棄世人共同信仰的人，才是偉大的人！就像荷馬、亞里斯多德、達文西、歌德等人一樣。」

信念是生命的脊梁

最窮的是無才，最賤的是無志。

——福樓拜

如果沒有信念，我們的生命就猶如一攤血肉。信念是生命的脊梁，信念支撐生命，生命支撐事業。每有浮雲遮斷路，舉足方知路更長。有信念就有道路。浮雲遮蔽，四顧無路。並非無路，只是一時看不見路。小心翼翼的探試前行，路就在腳下。

信念不可動搖，哪怕一絲一毫。信念就是鋼澆鐵鑄，風雨不蝕，雷電不催。信念集結著人類偉大的意志，信念凝聚著人間優秀的力量，信念催生著人們渴盼的未來，信念召喚追求美好的生命不倦的追求，激勵尋求真諦的生命持續的尋求。

有些時候，我們真的疲憊了。席地小憩，也要把信念緊緊擁在懷裡。人可奪其軀，不可奪其心志，心志即信念。生命有限，信念不朽。

寫出 $E=MC^2$ 這個看似簡單公式的愛因斯坦，竟大大的改變了整個科學界和知識界的想法。他所創造的新觀念如此偉大，竟要許多科學家經過許多年之後，才能慢慢的了解。

可是，愛因斯坦在他的「相對論」發表之前，並未被發現具有非常特殊的才能，童年時，甚至還被認為是個發展遲緩的孩子呢！但是，他一直都是這樣緩慢的，按照自己的速度，堅持自己的想法，不管別人覺得有多麼奇怪，只要他認為是對的，便會堅持到底。

有科學家評論他：「要不是因為他具有這些特質（想像力、創造力、固執並堅持到底），他絕不可能完成他已經做到的那些工作，而且對他正要嘗試去做的事情，也將毫無成功的機會。」

而人類對於宇宙的新見解，就在那些總是不按牌理出牌的科學家腦中，創造出來了。也許目前收藏在哈威醫生辦公室，等待被研究的愛因斯坦的腦子裡，有的不過是堅定的信念罷了。

相信自己是大師

那些被強迫改變自己意見的靈魂，也終將無法逃避死亡。

——尼采

一個只有高中文化，卻能夠管理圓山飯店的嚴長壽，從一踏進社會，便相信自己是很有價值的人。所以，即使他當初只是擔任打雜小弟的工作，都還是堅持穿西裝、打領帶，讓自己看起來很專業。直到現在，嚴長壽還是常常用這樣的心態鼓勵員工，改變他們對自己工作的看法。別小看這件事，因為一個人的尊嚴和成就感，往往來自於自己對自己的看法。

在餐廳裡最不起眼的工作通常有兩種：端盤子的服務生和廚房裡的廚師。他們始終都不覺得自己的工作有多高尚，所以廚師往往穿得很邋遢、態度很凶，他不覺得自己需要包裝、需要禮貌。端菜的服務生則是覺得自己做這份工作很委曲，整日不見笑臉。

於是，嚴長壽便跟端菜的服務生說：「如果你只是把自己看成一個端菜員、一個點菜員，你不會看得起自己；可是如果你把自己看成顧客的『餐飲顧問』，對廚房菜色的特點、顧客的習性與品味都能有充分的掌握，替每桌客人都能設計一份獨一無二的功能表，不僅你會覺得自己很了不起，顧客也會對你刮目相看，並且很依賴你的決定，因為你比他更了解這個餐廳的特色。」

就像灰姑娘變成仙女一樣，每個人都可以因為相信自己的價值，而成為自己的仙女，改變別人對自己的看法，那你就會成為真正的公主了！

堅持原則

具有堅定信念的人，是不可能隨便改變原則，屈就於現實的。因為沒有對於原則的堅定信念，就不可能為自己帶來真正的成功。

我們知道的義大利詩人佛斯可洛因堅信自由、平等、友愛和義大利獨立的理念，便勇敢的向法國靠攏。可是，當拿破崙讓他失望，他又毅然決然批評拿破崙的作法，離開米蘭，最後隱居英國，過著無人聞問的悲慘生活。因為，他不願跟政權與自己妥協。

這樣的結局好像很悲慘，不過相較於法國將軍貝當，一再的接受戰敗妥協的條件，不久，就淪為希特勒的爪牙。這時，放棄原則的結果已經不是他可以控制的了。

文學家蕭伯納，在聽完年輕時的海菲茲演奏後，寫信給海菲茲說：「我聽了您的演奏，心裡感到非常的不安，因為，像您這樣有如超人般完美的演奏，一定會遭上天嫉妒的，所以我誠懇的建議您，每天晚上以前至少拉一個錯音，可能的話盡量演奏得稍微差一點，因為一般人要演奏得像您那樣完美，真是不容易啊！」

但是，海菲茲始終堅持完美的原則，直到他的告別音樂會，他都沒有改變過他的初衷。海菲茲在最後的一首安可曲子之後，他出場謝幕多次，然後，告訴全場聽眾說：「我已經筋疲力盡，不能再繼續演奏了！」

然而，這一次，完美的海菲茲卻選擇在他有可能拉錯音之前，結束了他的演奏生涯，讓所有的樂迷錯愕與感傷不已！從此，海菲茲與他的觀眾見面的時候，就不再拉琴，而他一生為音樂的奉獻，也在此留下了最後的句號。

羅曼·羅蘭說：「人類的使命，在於自強不息的追求完美。

逆境求生的精神歷程

在較高的層次上思考人生，永遠不要說這樣的話：「我的命運不佳」、「一切都是命中註定」。

在較高的層次上思考人生，永遠不要說這樣的話：「我的命運不佳」、「一切都是命中註定」。

如果是這樣悲觀的話，建議你去讀一讀羅曼．羅蘭寫的《貝多芬傳》，去聽一聽貝多芬的《命運交響曲》。這個熱情如火的德國作曲家一生遭受了多得數不清的磨難和貧困，在他人生最艱難的時期又遭受了失戀的打擊，接著而來的耳疾又幾乎毀掉了他的事業。

可是，他一直是個與「命運」決戰的鬥士，在這場戰鬥中產生了他的偉大的作品！公爵之所以成為公爵，只是偶然的出身，而貝多芬成為貝多芬，則完全是靠他自己。難道不是嗎？

執著擁有財富

在這裡，向大家推薦一本書：《教訓》。

書的作者是美國的王安博士，他是全世界最富有和最成功的華人。

為什麼他的書沒有一個輝煌一些、豪氣一些的名字，而叫「教訓」？他是那麼的成功，四海聞名，令許多奮鬥者崇拜和景仰。

事實上，在他傲居世界成功者群體之後，他體會最深、最想與奮鬥者們分享的，不是成功的歡欣，而是他逆境求生的精神歷程。

這本書，它闡述了一個理性、堅強的人如何以逆境為師，堅持不斷的吸取不幸的教訓，相信能夠給大家帶來啟迪。

其中有一句話給人印象非常深刻。王安說：「擁有財富並非出於天才，只是執著而已。」

執著的追求，不懈的努力，如果真有命運的話，命運首先要關照的就是這樣的人。

心靈的修養是最大的財富

也許成功就擁有很多的財富，但擁有財富最多的人，也往往是不幸最多的人。他們之所以能夠戰勝不幸，與他們精神的力量有關，靠的是他們自己心靈的修養。從這個意義上來說，心靈的修養，才是他們的最大的財富。

一個胸懷大志的人，他無論做什麼事情，要到達自己的日標，都毫無例外的要遭受種種的「事磨」與「心磨」。也就是在「磨」的過程中，慢慢使自己面臨的「危機「轉化為「轉機」，再變為「良機」。這是一個歷盡橫逆與考驗的過程。這個過程中，很多人堅持不到最後就撤退、放棄了。

如果一個身處逆境的人能夠有克服萬難的心靈修養，那麼即使他會迂迂迴迴曲曲折折的走過許多磨難與險境，他也終究會到達他的目的。

在年輕的時候經受不幸和挫折並不可怕，他會是使人真正成長的良藥。可怕的是，你跌倒了，就再站立不起來了，可怕的是你在心靈上被徹底打敗了。

誰都知道日本經營之神松下幸之助，他曾經說：「跌倒了就要站起來，而且更要往前行，跌倒了站起來只是半個人；站起來後再邁進前行才是完整的人。」

他說：「跌倒了就應爬起來。嬰兒若不跌倒也就永遠學不會走路，孩子也是，跌倒了就應立即站起來，哭泣是沒有用的，不是嗎？」

只有擁有如此堅強信念的人才能將所失去的重新找回並取得更大的成就。

把不幸看作「恩人」

既然「失敗為成功之母」，為什麼要那麼恐懼不幸呢？記得《聖經》上有一句話：「上帝關了這扇窗，必會為你開另一道門。」即天無絕人之路，上天總會給有心人一個反敗為勝的機會。那扇關閉的小窗換回一扇敞開的大門，這或許就是一扇美麗的生之門！

那麼，明白我們一生之偉大，會是來自於我們所經歷的大磨難，這樣的磨難，又有什麼不能接受和忍受的呢？如果你一生中都沒有和不幸搏鬥的機會，或多或少是一種遺憾呢。把不幸看作自己的「恩人」吧，相信它會給我們的人生帶來豐碩的果實。

握住希望的蘋果

決定一個人的生存狀態的往往是他所懷抱的信念

一場突然而至的沙暴，讓一位獨自穿行大漠的旅行者迷失了方向，更可怕的是裝乾糧和水的背包不見了。他翻遍所有的衣袋，只找到了一個蘋果。

這樣，他握著那個蘋果，深一腳淺一腳的在大漠裡尋找出路。整整一個晝夜過去了，他仍未走出大漠，飢餓、乾渴、和疲憊一起湧了上來。望著茫茫無際的沙漠，他覺得自己快要支撐不住了，可是看一眼手裡的蘋果，他抿抿乾裂的嘴唇，陡然增添了前進的力量。

頂著炎炎烈日，他繼續跋涉。已經數不清摔了多少跟頭了。每一次他都掙扎著爬起來，踉蹌著一點點往前挪。他在心裡不停的默念：「我還有一個蘋果，我還有一個蘋果……」

三天以後，他終於走出了沙漠，那個他始終未曾咬過一口的蘋果，已經乾巴得不成樣子了，他把它握在手中，久久的凝視著。

事實上，我們在自己的一生之中，常常突然陷入某些意料之外的困境。支撐著我們走出困境的，往往就是那一個代表著信念和希望的「蘋果」。

低潮中走出的成功

很多時候，障礙、困境不僅不是我們的敵人，還是我們的恩人，我們必須對之心存感激

——巴爾札克

巴爾札克是十九世紀法國著名的批判現實主義作家。恩格斯稱讚他是「比過去、現在和未來的一切左拉都要偉大得多的現實主義大師」。但是巴爾札克並非一出生就是一位譽滿全球的大文豪。在成名之前，巴爾札克經歷過一段窮困潦倒的生活。

巴爾札克本是學法律的，大學畢業前當過律師的助手，但是巴爾札克一心想當作家。剛從法科學校畢業不久，巴爾札克就毅然離開了司法界，投入於文學事業。他的這種做法觸怒了父親，父親不再向他提供任何生活費用。他寄出去的稿子要麼石沉大海，要麼被退回。他陷入了困境，開始負債累累。

他的生活出現了低潮，最困難的時候，他只能就著白開水，吃點乾麵包充飢。但他很樂觀，常常在就餐的時間，在桌子上畫一個盤子，盤子裡寫著「牛排」、「香腸」、「火腿」、「起司」之類的字樣，然後在想像中美美的吃一頓。

然而，就是在這段狼狽不堪的日子裡，巴爾札克用自己所有的積蓄買了一支粗大的手杖，在手杖上刻了一行字：我將粉碎一切障礙。正是這句豪情萬丈的話支持著巴爾札克走過了困苦的處境，走向了最後的輝煌。

人在逆境中，最需要的也許就是一種信念，一種戰勝困難，走向美麗明天的信念。

只相信你自己

相信自己，你會有另一個思維足以闖蕩的空間。

一位商人欲去遠方求財，不知主何吉凶，便去向一位圓夢大師請教，大師正好出門未歸，只有他的小兒子在家，聽說商人是來圓夢的，他說自己可以試一試。

於是商人告訴他第一個夢：夢見牆上有一棵草。小夥子說：「你這個人是牆頭草，根底淺。」商人心中不悅，但是隨後他又說了第二個夢：夢見自己與意中的女孩背靠背睡在一張床上。小夥子一聽，沒好氣的說：「這是背運呢！你不要痴心妄想了！」

商人灰溜溜回家去，走到半路上，遇上圓夢大師，把經過說了一遍。大師笑道：「你的夢是大吉大利呀！牆頭草高高在上，主高人一籌，必有大財至；與意中女子背向而臥，主終有翻身時。此次你遠途求財，必定發家！」

商人大喜，連連道謝，轉而又大惑不解：「公子那麼說，大師這麼說，叫我究竟信誰？」

「究竟信誰？問得好！」大師笑道，「你這兩個夢，如果問更多人，還會有更多的解法，多到你記不住，而且都各有道理。究竟信誰？這還不明白嗎！」

只相信你自己！依據你對人生的理解和體驗，堅定自己的信念，朝著確定的目標，勇往直前。

引導方向的羅盤

心可以超越困難，可以粉碎障礙，終達成你的期望。

體育項目中的舉重的挺舉，有一種「五百磅（約兩百二十七公斤）瓶頸」的說法，也就是說，以人體的體力極限而言，五百磅是很難超越的瓶頸。四百九十九磅的記錄保持者巴雷里，比賽時所用的槓鈴，由於工作人員的失誤，實際上超過了五百磅。這個消息發布之後，世界上有六位舉重好手在一瞬間就舉起了一直未能突破的五百磅杠鈴，這說明什麼呢？

有一位撐杆跳的選手，一直苦練都無法越過某一個高度。他失望的對教練說：「我實在是跳不過去。」教練問：「你心裡在想什麼？」他說：「我一衝到起跳線時，看到那個高度，就覺得我跳不過去。」教練告訴他：「你一定可以跳過去。把你的心從竿上摔過去，你的身子也一定會跟著過去。」他撐起竿又跳了一次，果然躍過。

以上兩個事例說明：心可以超越困難，可以突破阻撓；可以粉碎障礙；心，終必會達成你的期望。

一個人的生活羅盤經常失靈，日復一日，有多少人在迷宮般的、無法預測也乏人指引的茫茫中失去了方向。他們不斷觸礁，可是別人卻技高一籌的繼續航行，安然度過每天的挑戰，平安抵達成功的彼岸。為了維持正確的航線，為了不被沿路上意想不到的障礙和陷阱困住或吞噬，你需要一個可靠的內部導航系統，一具有用的羅盤，為你在困境中指引一條通往成功的康莊大道。

可悲的是，太多人從未抵達終點，因為他們借助失靈的羅盤來航行。這壞掉的羅盤可能是扭曲的是非感，或蒙蔽的價值觀，或自私自利的意圖，或是未能設定目標，或是無法分辨輕重緩急，簡直不勝枚舉。

聰明人利用羅盤，可以獲致恆久的成功；有智慧的卓越人士，選擇可靠的路線，堅定的向前行進，最終便走出迷茫，重見光明。

撥開烏雲是太陽

著眼於長遠的目標規劃，不要汲汲於眼前的小利。

太陽總是隱藏在烏雲的後面，所以撥開烏雲就能看見太陽。

現在我們先來看一個人一生中的層層烏雲：他連小學還沒有畢業就輟學了。他開了一家雜貨店，但是經營不善而倒閉，於是他花了十五年的時間才還清債務。他競選地方公職，兩次鎩羽。他競選參議員，也落選過兩次。他每天都要忍受報紙的攻擊。全國有一半的民眾唾棄他，他的身體到處都是病痛，相貌醜陋，在他的總統任內，正是他的國家最動盪不安的時期。即使他發表的演說成為千古傳頌的名言，當時的聽眾不是不在意，就是嫌太短了。但是一百多年來，這個人不知鼓舞著多少世人的心靈。

他的名字是：亞伯拉罕．林肯。所以，要放棄失敗的壓力，撥開烏雲就是太陽。

林肯的功業自有史家定論。在他越挫越勇的過程中，支持他堅持下去的有許多因素，也許影響他最深的是鼓舞的力量，是這種力量讓他勇敢的去克服困難。

所以我們應該從失敗中找出：

一、今天要著眼於長遠的目標規劃，而不是只汲汲於眼前的小利。

二、今天要領悟到自己的行動會影響到其他人，要對這樣的影響力負起責任。

三、所謂挫敗不過是教育，不過是更臻於完善的第一步。

心在「這裡」

古人云：「萬法由心生」。天堂地獄只在一念之間。

把握念頭，設想自己就是幸福的化身，念頭最難把握，所謂心猿意馬，怎麼樣拴心猿、鎖意馬，卻是心性的至上境界。

有一位佛家弟子，請教他的師父，他說：「師父！弟子念慮，降伏不住，該怎麼辦？」我的念頭一大堆，要把它降伏很困難，請問老師該怎麼辦？他的師父很智慧，就問說：「誰念慮呀」？他說：「弟子呀！」又問：「誰降伏呀！」他想一想，答說：「弟子。」於是他師父就罵道：「來去都由你鬧，好沒主宰呀！你若敵它不過，你就放下，不過請問放下的還是誰，還是你自己！」

人的一生中，最好的朋友是自己，最大的敵人也是自己，假如你想發憤圖強，別人對你無可奈何！假如你想自甘墮落，別人也對你無可奈何！

有一個故事說從前有一個人，他真想自殺，就投河去了，很不幸當他投河的時候，員警正路過那裡，馬上給他警告：「這裡明明寫著禁止游泳，你怎麼下去了？」那個人馬上提出抗議說：「不！我是來自殺的。」

員警馬上給他第二次警告說：「你再不上來，我就用槍打死你！」那人馬上舉起雙手說：「起來！起來！」你看，溺死也是死，槍斃也是死，為什麼偏好溺死呢？槍斃也可以。這說明他還不是真的想自殺，只是心裡痛苦罷了。

平常我們可以找到很多夥伴、朋友，但是，有時候卻要獨來獨往，人至少有兩個時候是要獨來獨往的，一個是生來，一個是死去。我們來的時候總是獨自來，我們走的時候也要獨自走，從無特例。

古人講：「萬法由心生。」這個世界是「心」的世界，所謂「萬法由心生」。舉個例子，假如你是一個母親，有一個小孩子走失了，這時剛好傾盆大雨、雷電交加，哪一種聲音最能引起你的注意？應該是小孩子的那種哭聲。那個聲音不能跟雷電交加聲音比，卻能引起我們的注意，為什麼？因為慧善的心在這裡。

去除「不可能」

若不給自己設限，則人生中就沒有能限制你發揮的藩籬。

聞名世界的拿破崙．希爾在幼年就立下大志，將來長大後，一定要成為一位名作家。

希爾的決心是非常堅定的。同時，他也非常清楚，要成為名作家，一定要先擁有嫻熟運用文字的技巧，所以他必須先有一本好字典。可是，他生長在窮困的鄉間，要獲得足夠的零錢去買一本好字典，幾乎是不可能的事。抱著積極思想的小希爾卻不接受這項事實，他竭盡所能的去存所能獲得或賺得的每一分錢，終於有一天，他存夠了錢，買到一本語詞最多，內容最詳盡的好字典。

希爾拿到他的字典後，第一件事便是翻到「Impossible」（不可能）這個詞，隨即把這個字剪下來丟棄。他說，我的字典中，絕不要有「不可能」這個詞，我的一生中也永遠不要有不可能完成的事。

他，經歲月證明，確實成功了。

當然，也不一定要像希爾那樣將「Impossible」這個字剪去。只要您能在「I」和「m」這兩個字母中，加上一個小撇，使之變成一個短句：「I'm possible」（我是可能的）便和希爾一樣，從此對凡事皆抱持可能的意念。而加上的這個小撇，正是您對自己的信心；如果您還是沒有自信，不妨用這個故事來作為加上的那個小撇。

從此刻起，當您想起某件不可能完成的工作或理想時，也建議您加個逗點：「不，可能」。「不」字可以立即否定您所存的不可能思想；而這點之後的「可能」二字，則能點燃您亟欲去完成目標的雄心。

去掉盤踞在心中的任何「不可能」思想，代之以犯事皆有可能完成的絕對信心。您將會發現，當思緒脫離「不可能」的糾纏之後，強烈的欲望便可立即湧現，並開始促使您往絕對可能成功領域邁進，終致獲得您思想中所企盼的成功。

拿破崙．希爾去除了他思想中的「不可能」，建議您可以學習，使自己在語言、思想中，不輕易使用「不可能」這個字眼。是的，如果這樣做，您是凡事都可能有成就的。

別想像淒涼

無論你內心感覺如何，保持自信的神色，彷彿成竹在胸，會讓你心理上占盡優勢，並終有所成。

春秋戰國時期，某小國與鄰邦的強國交惡，雙方的衝突與日俱增，威逼使小國的大使與強國宰相坐上談判桌。雙方劍拔弩張，小國大使不惜以開戰來威脅強國。

小國大使：「我國擁有戰車一百輛，弓箭一萬支，足以攻擊貴國。」

強國宰相輕蔑的笑道：「我們的戰車和弓箭數量，要多過你們一百倍。」

小國大使仍不示弱，繼續恐嚇對方：「我國有三千人的精良軍隊，能夠占領貴國。」

強國宰相大笑：「我們擁有的軍隊，人數也多過你們一百倍。」

談判至此，小國大使顯露慌張神色，表示必須先向國內請示之後，方能再繼續談下去。

當雙方又繼續談判時，小國大使的態度有了一百八十度的轉變，趨向妥協，轉為向大國求和。

強國首相詫異對方的改變，以為小國受到己方國力強盛所震撼，故而細問小國大使求和的原因。

小國大使神色自若的回答：「不是我們懼怕你們的兵力；而是我們的國土太小，實在容納不下三十萬名的戰俘。」

從小國大使的身上，我們看到了無比的自信。

對自己內在實力有絕對信心的人，可以克服任何的困難與挫折。他們的眼光，只定位在成功之後能夠獲得諸多成果；他們的信心正確的引導著他，不去想像失敗的淒涼光景，從而得以避開那條布滿陷阱的失敗道路。

每一位成功者都相信「天生我材必有用」。他們十分了解上天所賦予自己的使命，並堅定的相信，自己必然順應天命，得以邁向成功的峰顛。

你對，世界才對

如果你不滿意自己的環境，想力求改變，則首先應該改變自己。

一個週末的早晨，一個神父正在為講道詞傷腦筋，他的太太出去買東西了，外面下著雨，小兒子又煩躁不安，無事可做。

他隨後拿起一本舊雜誌，順手翻一翻，看到一張色彩豔麗的巨幅圖畫，那是一張世界地圖。他於是把這一面撕下來，把它撕成小片，丟到客廳地板上說：

「安東，你把它拼起來，我就給你五塊錢。」

神父心想他至少會忙上半天，誰知不到十分鐘，他書房門就響起敲門聲，他兒子已經拼好了，神父真是驚訝萬分，安東居然這麼快就拼好了。每一片紙頭都整整齊齊的排在一起，整張地圖又恢復了原狀。「兒子啊，怎麼這麼快就拼好啦？」神父問。

「哦。」安東說：「很簡單呀！這張地圖的背面有一個人的圖畫。我先把一張紙放在下面，把人的圖畫放在上面拼起來，再放一張紙在拼好的圖上面，然後翻過來就好了。我想，假使人拼得對，地圖也該拼得對才是。」

神父忍不住笑起來，給他一個五塊錢：「你把明天講道的題目也給了我了。」他說：「假使一個人是對的，他的世界也是對的。」

這個故事意義非常深刻：如果你不滿意自己的環境，想力求改變，則首先應該改變自己。即「如果你是對的，則你的世界也是對的」。

英國有一位很受大眾尊敬的法官，但他小時候卻是個懦弱的孩子。他在英格蘭一個貧民窟長大。為了家裡取暖，他常常拿著一個煤桶，到附近的鐵路軌道去撿煤塊。

他為必須這樣做而感到困窘。他常常從後街溜進溜出，以免被放學的孩子們看見了。但是，那些孩子時常看見他。特別是有一夥孩子常埋伏在他從鐵路回家的路上，襲擊他，以此為樂。他們常把他的煤渣撒到街上，使他回家時一直流著眼淚。這樣，他總是生活在或多或少的恐懼和自卑的狀態之中。

後來，他因為讀了一本書，內心受到了鼓舞，從而在生活中採取了積極的行動。這本書是荷拉修．阿爾傑著的《羅伯特的奮鬥》。在這本書裡，他讀到了一個像他那樣的少年的奮鬥的故事。那個少年遭遇巨大的不幸，但是他以勇氣和道德的力量戰勝了這些不幸。他讀了他所能借到的每一本荷拉修的書。當他讀書的時候，他就進入了主人公的角色。不知不覺的，他吸取了積極的心態。

在他讀了第一本荷拉修的書之後幾個月，他又到鐵路上去揀煤，隔開一段距離，他看見三個人影在一個房子的後面飛奔。他最初的想法是轉身就跑，但很快的他記起了他所羨慕的書中主人公的勇敢精神，於是他把煤桶握得更緊，一直向前大步走去，猶如他是荷拉修書中的一個英雄。

這是一場惡戰。開始三個男孩一起衝向他。後來，這幾個小男孩一點一點的退後，最後懾於他的凶猛拔腿就跑。他也許出與一時氣憤，又撿起一塊煤朝他們扔了過去。

隨後他才發現鼻子掛了彩，身上也青一塊、紫一塊。這一仗打得真好。這是他一生重要的一天，那一天他已經克服了恐懼。

他並不比去年強壯了多少，那些壞蛋的凶悍也沒有收斂多少，不同的是他的心態已經有了改變。他已經學會克服恐懼、不怕危險。從現在開始，他要自己來改變自己，去經歷不可預知的未來。

探索才能找到出口

蜜蜂是教條型、機械型，而蒼蠅則是探索型、實踐型。

人生總是一成不變嗎？人生的路總是平坦的嗎？在遇到危機和困境看不到方向的時候，種種的嘗試難道就沒有價值嗎？

對「蜜蜂型」的人來說，他們希望人生是一成不變的，他們向一個不清晰的方向進軍時總是付出了人生全部的成本（包括人力物力財力）；而如果一次探索不成功，他們就覺得沒有希望，沉淪下去，放棄了當初的想法；萬一他們的冒險成功了，覺得成功來之不易，死守才是正道；他們死抱著偶然的成功經驗和模式不放，以後無論做事做人、自己做還是引導他人，都採用簡單的「複製過去」的方法。順承那種傳統的思維方式。

而「蒼蠅型」的人則恰恰相反，他們認為人生是瞬息萬變的，他們知道凡事要想成功必須付出長久的努力，他們每次進行嘗試的時候都抱著必勝的信心——同時卻又對自己所能付出的力量有所保留；他們「找到出口」後也不狂喜，也不保守，他們知道一次成功並不意味著長久的成功，要想持續發展，必須持續努力，時刻保持警惕，時刻為自己找出口；而且，每次找到出口的方式都不相同，上次是在前方，這次可能是在側面，上次出口可能大，這次可能異常狹窄，上次是他人找到的，這次可能必須自己探索、尋找。

「蜜蜂型」與「蒼蠅型」的兩種人並不是不可轉換的。有些「蜜蜂」會轉成「蒼蠅」，有些「蒼蠅」會變成「蜜蜂」。值得憂慮的一個群體是某些獲得成功的人，他們是僥倖成功，所以他們一開始就是「蜜蜂」，成功之後又不思進取或者抱殘守缺，他們就會成為一隻道道地地的「蜜蜂」。

最常見的現象可能是「蒼蠅變成蜜蜂」。他一開始可能是透過「蒼蠅」的方法擺脫困境獲得成功的，他們也有可能轉變為「蜜蜂」。因為成功讓他們卻步了，他們自以為過去的方法是可以毫不修改、毫不變化就能繼續使用的，而這有時恰恰是失敗的開始。

生活中可能很少有徹頭徹尾、始終如一的「蒼蠅型」的人，所以，最讓人欽佩的是那些能夠從「蜜蜂」進化為「蒼蠅」的人。他們是怎麼轉化的呢？是過去的教訓讓他們發生了變化，是學習讓他們獲得進步，是謙虛和遠大的抱負讓他們不放過任何的機會。

現在，你需要考慮的問題是：看看自己，你到底是「蜜蜂」還是「蒼蠅」？你想做「蜜蜂」還是「蒼蠅」？

用嘴攀爬

在自己面對困境和難關時，不要在意別人的議論，要意志堅強，往上攀爬。

從前有一則故事：

一群人到山上去打獵，其中一個獵人不小心掉進很深的坑洞裡，他的右手和雙腳都摔斷了，只剩一隻健全的左手。

坑洞非常深，又很陡峭，地面上的人束手無策，只能在地面喊叫。

幸好，坑洞的壁上長了一些草，那個獵人就用左手撐住洞壁，以嘴巴咬草，慢慢的往上攀爬。

地面上的人就著微光，看不清洞裡，只能大聲的為他加油。等到看清他身處險境，嘴巴咬著小草攀爬，忍不住議論起來！

「哎呀！像他這樣一定爬不上來了！」

「情況真糟，他的手腳都斷了呢！」

「是的！那些小草根本不可能撐住他的身體。」

「真可惜！他如果摔下去死了，留下龐大的家產就無緣繼承了。」

「他的老母親和妻子可怎麼辦才好！」

落入坑洞的獵人實在忍無可忍了，他張開嘴大叫：「你們都給我閉嘴！」

就在他張口的一剎那，他再度落入坑洞，當他摔到洞底即將死去之前，他聽到洞口的人異口同聲的說：「我就說嘛！用嘴爬坑洞，是絕對不可能成功的！」

在我們的人生裡，落入漆黑陡峭的坑洞，是非常不幸的事，更不幸的是，當我們在坑洞的時候，別人非但沒有伸手，反而事不關己的議論，卻得不到慈愛和關懷。

但是，只有在困境中的慈愛和關懷，可以救人；在困境中的議論和批評，只會使人陷入更深的絕境。

因此，在自己面對困難和難關時，不要在意別人的議論，要意志堅強，往上攀爬。

飄揚在綠色的大地上

個性的旗幟因為不甘於埋沒而飄揚在綠色的大地上，而且在踏實不懈的表達中鮮明起來。

伽羅瓦就是這樣的優秀個性，這位法國數學家二十一歲時死於愛情的決鬥場上。他的數學創論在他去世後十四年才得到理解，被公認為近世代數的里程碑。

伽羅瓦的數學「群論」萌生於中學時期，這個西元一八一一年出生在巴黎附近一個小城的少年，不為當時的數學理論所束縛。十七歲時，伽羅瓦在五次方程的代數解法中首次提出了「群」的概念，這種對於數學世界的嶄新描述，橫空出世，解決了那時困擾數學界已三百年之久的難題。但一是由於發明這個創見的人年齡太小，二是由於這個創見超出當時數學學者的素養和學術水準太遠了，無論從面子上還是在實質上都沒人能接受它。

當伽羅瓦將這篇論文寄給法蘭西科學院審查時，最有名望的大數學家柯西對此根本就不予理睬，並把這個中學生的論文給弄丟了。

事隔兩年，伽羅瓦又將他的研究創想寫成一篇詳細的論文，寄給科學院的祕書傅立葉（微積分「傅立葉級數」的創始人），不幸的是，那年五月傅立葉病逝，伽羅瓦的文稿再次遺失。西元一八三一年頑強的伽羅瓦第三次將論文送交法國科學院，名聲顯赫的統計數學家泊松院士看了四個月後，給的批文是「完全不能理解。」

就這樣，一代數學奇才的驚世之作在其有生之年被處以死刑。

當他的遺稿真正作為重大貢獻用於數學研究時，他的同行、名人拉格朗日承認說伽羅瓦的群論是在「向人類的智慧挑戰」，而他活著時，卻因此而備遭冷落，只是一個無知音的孤獨探索者。但伽羅瓦並沒有因此放棄自信。一個有膽量在十七歲就創建自己的數學思想的人，肯定在個性裡就懷有一顆自由真誠的心靈，他懂得怎樣才是自尊，他從不懷疑理想的高尚，他只為真理工作，盡力為真理留下伸張的生機。

這個如此短暫又凝重的生靈一直在為信仰、為真理、為至情、為人格而拚搏，他的潛我中那無窮的生命衝動在自己心愛的領域裡奔突想像，不屈的向一切阻擋自己意志的惡劣環境抗爭。

也許是他還太年輕，還沒來得及脫離青少年成長的「風暴期」，也許是他太少遇到懂他、愛他的人間溫情，逼得他不得不頑強的表達自己，但是在二十一年的生存裡他從未迷失過、背叛過自己那顆純真、智慧的心。為此，才得以始終飄揚在「綠色」的大地上。

製造地獄中的「天堂」

當一個人只有頭腦可以自由翱翔時，生命必將調集一切活力讓這智慧之神高高的飛起來。

《時間簡史》從一九八八年出版以來一直居暢銷書之列，在全世界的銷量達一千萬冊，這本科普著作的作者就是史蒂芬．霍金。見到史蒂芬．霍金教授的人往往會大吃一驚，因為這位被科學界公認為繼愛因斯坦之後的最偉大的理論物理學家，竟然是一個喪失了語言能力，全身只有三個右手手指可以動的殘疾人。那麼他是怎樣堅強而出色的表達了自己對真理的極大興趣？

在霍金二十一歲時，悲哀的事情發生了，他被確診患了罕見的、不可治的疾病。。此病叫肌萎縮性脊髓側索硬化症，簡稱ALS。醫生說他只能活兩年半。這時的霍金在意志上曾一度低沉，他經歷了一場難以排遣的內心衝突，但最終他覺得「反正就是一死，不如做些像樣的益事」，結果，經年累月，他粉碎了醫生的預言，堅強的活了下來。

霍金慶幸的說：「幸虧我選擇了理論物理學，因為研究它用頭腦足矣。他無法用筆，卻可以在紙上以精神表達自己的思想。他說：「我工作主要依賴直覺，我試著證明自己的假說，有時我發現原來的設想是錯的，但它可以導致新的思想。我發現和其他人的討論，對我的思想十分有益，即使他們沒提出什麼見解，但當我把自己的思想闡釋給他們時，能幫助我整理自己的想法。」

霍金對於宇宙學的研究很獨特，他極少用望遠鏡觀測天象，對此他不感興趣，卻總是更專注於以敏銳的思維探測宇宙，所以憑直覺和理智創造他的學說，就成為他主要的研究方法和手段。他畢生追求的神聖目標就是確立一個統一、完善的理論，他企圖用一組方程式囊括宇宙的一切奧祕。

針對愛因斯坦詮釋宇宙創生的名言：「上帝不擲骰子」（世間的一切都是必然的、可知的，萬事萬物的出現與發展自有其規律在）；霍金的見解是：「愛因斯坦錯了。上帝不僅擲骰子，而且有時候在看不見骰子的地方擲骰子。」（宇宙的產生不僅具有偶然性，而且有時候就在看似茫然中深含著絕妙的偶然。）在科技手段越來越高明的今天，在天文物理學的最新觀測中，宇宙所呈現出的風貌和實質正不斷證實霍金對宇宙的詮釋。這個坐在輪椅裡的人，其智慧之光直指人類理性的終極探問，並超越了一代科學巨星愛因斯坦。

在自己的肢體嚴重癱瘓，並嚴重的妨礙了與外環境交流的困境中，史蒂芬·霍金仍以驚人的智慧、熱情和毅力精彩的實現了自己的崇高夙願。這樣的潛能勃發，也許是以智替身的補償，但正是因為心智的超長發揮，才有了霍金的舉世輝煌。

不做逆境的俘虜

人不能擺脫他的處境，但可以自由的對待他的處境，可以透過選擇，自由的賦予處境的意義。

——薩特

在日常生活中我們經常會遇到困境和痛苦，如何脫離困境和痛苦是人生中的一大難事，但古人說得好，「天下無難事，只怕有心人。」只要經常運用辯證的方法去觀察世界，用科學方法去思考問題，用邏輯思維去推斷事理，知難而進，就可能找出規律，化悲痛為力量。那時掩隱在困境後面的帷幕就會拉開，就會出現一個全新的展望、全新的舞台。

雖然暫時受到損失，但也可能因此得到好處。有記者訪問過西部歌王王洛賓，記者問他：「您老已經八十多歲了，您最留戀的是什麼？」王洛賓答：「我最留戀的是幾年獄中的生活。」球王貝利在回答有關兒子能否取得像自己一樣的成就時，斷然說道：「不可能，因為他沒有我幸運，他不是生長在貧民窟裡。」拳王泰森坐牢三年，出獄前說過幾句感人的話：「獄中生活使我堅強，幫助我找到了真正的泰森，我從這裡走出去的時候，社會將看到一個新人。」壞事有時可以變好事，禍有時可以變福。對於世間的福禍與困境，應著眼於長遠。

擁有自己正確的精神認知，可以增強一個人在逆境中的承受力和忍耐力，但逆境給人的身體和精神摧殘仍然存在。如何在逆境中擺脫痛苦，超越困境，這是一種生活的智慧。

心理學家指出：「社會因素能否影響健康或導致疾病，不完全取決於它的性質，更重要的是取決於個體對這些因素的認知和評價。社會因素必須透過心理仲介作用，必須作為心理刺激之後才能對人發生影響。」如果我們在困境中調整視角，進行逆向和特異思維，自由的賦予新的意義，那麼就有可能對不良刺激做出正向和積極的反應，緩衝不利事件衝擊下的心理傷害，使那些嚴酷的打擊不致構成致命的心靈創傷。

在逆境中不斷的調整視角、思維和評價，是幫助人們渡過苦海的「諾亞方舟」。

樹立生命的航標

信仰是去相信我們所未看見的，而這種信仰的回報，是看見我們所相信的。

——奧古斯丁

人是不能沒有信仰的，信仰不僅使人與動物區別開來，而且它還是你走向成功的起點。

信仰是人的一種主觀意識，卻絕不抽象。從小處講，信仰就是一個人所追求的目標，而目標是任何行動的前提。沒有目標的人，就像是浮萍飄蕩於水面，很難把全部的力量和智慧集中到某一點上，因此就不可能創造輝煌的人生。從大處講，信仰就是一種責任，一種最能使自己的價值發揮到極點的使命感。擁有使命感的人，會感到自己的奮鬥充滿了意義，從而超脫了個體的渺小，用通俗的話講，就是覺得自己活得很重要。

每個人對自己面臨的一切都有一種深深的精神上的義務。而支撐著我們走向成功人生的就是為了目標而深信不疑的信仰。

有一個名叫達奇的小孩子。他出生後不久，醫生就告訴他的父親，達奇將會是一個終生聾啞的人。

達奇的父親感到非常悲痛，但他不肯接受這個無法改變的事實，在最絕望的時候，他依然謹記大哲學家愛默生所說的話：「生命是教導我們產生信仰的。無論任何情況之下，只要我們肯去聆聽心靈的『聲音』，它會指引我們，帶我們行走正確的路。」

達奇父親認定他的兒子不會是終生聾啞的；他這個強烈的願望，「一秒鐘也沒有退卻過」。他時常對著自己手抱的兒子，用「心傳心」的方式，講自己的願望、自己的信仰，傳遞給兒子的幼小心靈。

信仰使這位父親不肯向逆境妥協，幾年之後，產生了一個奇蹟。達奇竟聾而復聽。

對於一個普通人來講，聾而復聽，已是一件最美好的事，也算是一個結局。信仰，這個人類心靈可以擁有的品質在任何時候都是免費的，但又是無價的。

登陸自己的海灘

在這個世界上，沒有人能使你倒下。如果你自己的信念還站立的話。

——馬丁．路德金

信念是一個內涵廣泛的名詞，它是指那些你自己認為可以確信的看法。在追求目標的過程中，必然會有許多挫折和困難，要想堅持到底，不半途而廢，則必須有頑強的信念作為支撐。

許多中外名人之所以能夠取得那麼大的成績，就是因為他們心中有一種矢志不渝的信念，這種信念使他們堅持到最後的勝利。生命的樂章要奏出強音，必須依靠信念；青春的火焰要燃得旺盛，必須依仗信念。懷疑是信念之星的霧藹，在人迷離的時候，遮住了人的雙眼；動搖是信念之樹的蛀蟲，在颶風襲來的時候，折斷挺拔的枝幹；朝秦暮楚是信念之舟的礁嶼，在潮汐起落的時候，阻止人奔向理想彼岸的行程。

一個人擁有信念是最重要的，只要有信念，力量會自然而生。有這樣一個真實的故事，耐心尋味，警策人心。

一九五二年，世界著名女游泳選手弗洛倫斯．查德威克計畫從卡德林那島游向加利福尼亞，兩年前，她曾成功的隻身橫渡英吉利海峽，現在她想再創一項非同凡響的記錄。

就在這一年的某一天，當她游進加利福尼亞海岸時，她嘴唇凍得發紫，全身一陣陣顫抖。她已經在水裡泡了十六個小時，前面霧氣藹藹，看不見海灘，而且也難以辨認伴隨她的小艇。

查德威克感到自己已筋疲力盡了，更使她灰心的是在茫茫大海中看不到目標，她感到再也難以支持了，於是向小艇上的人請求：

「把我拖上來吧，我不行了。」艇上的人勸她再堅持一下：「只有一英里了，目標就在眼前，放棄就意味著失敗。」濃霧使查德威克看不到海岸，她以為別人在騙她。「把我拉上來吧。」她再三請求。於是冷得發抖、渾身溼淋淋的查德威克被同伴拉上了小艇。

後來查德威克很後悔，她告訴記者，如果她看到了海岸，就一定會堅持到終點。大霧阻止了她奪取最後的勝利。

但這件事過了不久，查德威克認識到，其實，妨礙她成功的不是大霧而是她內心的疑惑。是她自己讓大霧擋住了視線，迷惑了心靈，先是對自己失去了信心，然後才被大霧俘虜了。

身體復原後，查德威克又一次嘗試著游向加利福尼亞。濃霧還是籠罩她的周圍，海水還是冰冷刺骨，同樣還是望不見海岸。但這次她堅持了下來，她知道陸地就在前方，她奮力向前遊，因為，陸地就在他的心中，她成功了。在查德威克兩次向自我能力的挑戰中，信念使她戰勝了自己內心的害怕和失望。最終，她征服了海峽也征服了自己。

每一個人都可以使夢想成為現實，但首先你必須擁有能夠實現這一夢想的信念。千萬不要讓形形色色的霧迷住了你的眼睛，不要讓霧俘虜了你。你面臨的霧也許不是彌漫在加利福尼亞上空的，它們在任何時候、任何地方都有可能會出現。

信念在人的精神世界裡是挑大梁的支柱，沒有它，一個人的精神大廈就極有可能會坍塌下來。

信念是力量的源泉，是勝利的基石。

在沙漠裡，乾枯的沙子有時候可以是清冽的水——只要你的心裡面駐紮著擁有清泉的信念。

炮打不倒的東西

只有滿懷信念的人，才能在任何地方都把信念沉浸在生活中並實現自己的意志。

——高爾基

信念既然是成功的基石，那麼，怎樣才能樹立起人生的信念呢?在希臘帕而納索斯山南坡上，有一個馳名整個古希臘世界的戴爾波伊神托所，據文獻記載，在它的入口處人們可以看到刻在石頭上的字，用今天的話說是「認識你自己」。這正是信念賴以建立的前提。

正確的選擇了事業上的突破口，並對此充滿了必勝的信念，並非意味著成功便唾手可得了。艾西莫夫一星期七天都坐在堆滿了各種書報的辦公桌旁，從中吸取知識的瓊漿，他腦海裡經常同時醞釀著三、四個創作題材；每天堅持至少打字八小時。可見，信念能使人產生持之不懈的力量，沒有與勤奮結伴的信念再往前邁一步，便會跌入自卑的枯井。生活的辯證法就是如此。

對科學信念的執著追求，促使居禮夫人以百折不撓的毅力，從堆積如山的礦物中終於提煉出珍貴的物質——鐳。就此，她曾作如是說：

「生活對於任何一個男女都非易事，我們必須有堅忍不拔的精神，最要緊的，還是我們自己要有信念。我們必須相信，我們對每一件事情都具有天賦的才能，並且，付出任何代價，都要把這件事完成。當事情結束時，你要能夠問心無愧的說：『我已經盡我所能了』。」

有一位獲取了成功的年輕人，叫譚路璐，她手裡有一把開啟成功之門的金鑰匙。這鑰匙就是被她後來稱之為祕訣的東西——信念。譚路璐說，這看去是很空的東西，其實不空，很多人面臨危機和困境的時候缺乏的就是堅定的信念。

她努力的進入中央戲劇學院進修，與學院裡的一群對戲劇狂熱的同學共同搞校園戲劇。是從小對話劇藝術的熱愛，是受周圍人狂熱於話劇的精神所感染，譚路璐萌生了要把校園戲劇引向社會的念頭。

一九九三年，譚路璐與原來學院裡的一幫人商定要做一齣法國戲《陽台》，並在社會公演。

要公演就得有錢，譚路璐四處求人幫助。她也許並未在意自己正做一件還前所未有的事——話劇界的獨立製作人，其最鮮明的特點就是要獨立承擔風險，而且獨立製作人的權力要高於導演和與此劇有關的所有人，譚路璐只想用自己的精神力量籌到一筆錢，讓劇組得到一次展現自己的機會。結果她錯了，因為人們的願望不單是展示自己，他們還要得到更多的東西。

《陽台》一劇很不成功。計畫公演的十場，到最後一場只賣掉兩張票。譚路璐籌來的十萬元打了水漂。《陽台》在經濟上的失敗對譚路璐的刺激非常大，她反省了自己的經驗和判斷力，把很複雜的一件事想得很簡單。但是她並不服輸，她不承認自己沒有能力，她更沒有放棄她的信念之鑰。

有朋友說她好高騖遠。是的，她不是不知道完成這樣一件事的艱難：完全靠自己找劇本、找錢、找劇院、參與排練……事必躬親，只是她身上還有一種在別人眼裡是缺點的習性：做事從不考慮中間環節，走多少山，越多少河，她很少預算。她喜歡直奔目標，目標的誘惑力比中間這些過程更吸引她。

從一九九四年上半年開始，她就開始找劇本，接著又是籌錢。她僅憑空口求說，說了三個月，最後蒙上一家，答應給她十萬元。可是空口無憑啊，誰能保證她的戲不再虧了呢？譚路璐沒什麼可以做抵押的，她說：「如果法律上有這一條，我把命押上。」終有心善的人為她做了擔保。

她用這十萬元投資拍了她選定的一部頗具商業與現代意味的話劇《離婚了，就別再來找我》，她的合作者是劇院。結果無論演出場次和經濟收入都讓這些年一直做話劇的人不敢想像。而在這種結局出現之前，人們眼裡只布滿了風險，有誰肯與她互相承擔呢？《離》劇在雙重效益上獲得的成功，當然不能脫離開獨立製作人。這成功給譚路璐帶來的愉悅和滿足，無疑遠甚於買到一件漂亮衣裳。

身後的門已被譚路璐關上，她願意直奔目標的往前走。他已把自己的構思和想法告訴給編劇，那是她的下一部戲。

信念之鑰依然會幫助譚路璐心想事成，門皆洞開，並且從中透進的光亮一定會帶給大陸話劇界一抹盎然生機。

高高舉起信念之旗的人，對一切艱難困苦都無所畏懼。相反，信念之旗倒下了，人的精神也就垮了下來，而從來就不曾擁有過信念的人對一切都會畏首畏尾，在漫長的人生旅途中抬不起頭，挺不起胸，邁不開步，整天渾渾噩噩，迷迷濛濛，看不到光明，因而也感受不到人生的美好。

成功學家希爾說：「有方向感的信念，令我們每一個意志都充滿力量。」

「絕對不可以」的跳級

志向的牽引力，誰能說出有多大？

——蘭普．喬森

世上的許多人面對突發而至的危機而沒有任何挑戰的原因就是他們的理想過於平

庸，只想著平淡一生，突遭災禍乃是命中註定。他們沒有為自己確定一個適當的目標，或者說，跟他們的能力相比，他們的目標定得過於低調、過於消極了。如果我們想要轟轟烈烈，就必須目光遠大、志向高遠，你不可能指望一個一直回頭看的人能攀登上頂峰。我們的抱負必須略高於我們的能力。一般來說，文明的程度越高，抱負也就越遠大，我們前進的步伐也就越有力。

有「鐵娘子」之稱的瑪格麗特·柴契爾曾任首席財政大臣、國務大臣、英國首相。她是牛津大學撒默維爾學院名譽教授、皇家化學學院名譽教授，而她讀牛津大學的經歷也頗具傳奇色彩。

還是在瑪格麗特剛滿十七歲的時候，有一天，她走進新來的女校長吉利斯小姐的辦公室說：「校長，我想現在就去考牛津大學的薩默維爾學院。」女校長皺著眉頭說：「什麼?你不是病了吧?你現在連一節課的拉丁語都沒學過，怎麼去考牛津?」「拉丁語我可以學嘛！」「你才十七歲，而且你還差一年才能畢業，你必須畢業後再考慮這件事。」「我可以申請跳級！」「絕對不可以。」「你在阻撓我的理想！」瑪格麗特頭也不回的衝出校長辦公室。

回家後她耐心的說服了父親支持了她的想法，開始了艱苦的複習、學習備考工作。

由於她從小受化學老師影響很大，同時又想到大學學習化學專業的女孩子幾乎比其他任何學科都少得多，如果選擇某個文科專業，那競爭就會很激烈，這樣她在提前幾個月得到了高年級學校的合格證書後，就參加了大學考試。經過耐心的等待，她終於等到了牛津大學的入學通知書。

瑪格麗特離開家鄉到牛津大學去了，無論在她以後的人生道路中遇到什麼困難，她都堅強的走過去，因為她心中的理想之燈永遠不滅。

遠大的抱負是帶領著人類走出蠻荒的沙漠而進入充滿希望、生機勃勃的大陸，進入太平盛世。

的確，還有相當多的人仍然遠遠的落在後面，仍然在無盡的荒野中跌跌撞撞的苦苦摸索，他們心力憔悴、疲憊不堪，他們似乎是不可能看到充滿希望的大陸了，前途和光明對他們來說彷彿遙不可及。然而，我們必須承認，即使是在這種狀態中，仍然是可以有點滴的改變和進步的。雖然只是點滴，但點滴常濺，頑石也會被打穿。

成功需要眨眼二十萬次

要記住這句話：「面對人生逆境或困境時所持的態度，遠比任何事都來得重要。」

任何一個人一生中都有一門重要的學問要學，那就是去面對「失敗」，處理的好壞往往就決定了一生的命運。

不幸降臨，猶如一面鏡子，可以照出一個人信念的堅定或者薄弱。把不幸減少到最小，每個人都有駕馭的權利，更有實現的可能。

如果你想在人生中有一番成就，最有效的方法便是把信念強化到強烈的地步，因為只有達到這種程度才會促使你拿出行動，掃除一切橫在前面的障礙。肯定的信念固然在某些時候能發揮一定程度的作用，可是有些事還真需要像達到強烈信念那樣的程度才能成功。

有一名叫做博迪的法國記者因為心臟病發作，四肢癱瘓，只有左眼可以活動。但是他仍決心要把自己構思的作品《潛水衣與蝴蝶》出版。出版商採訪編輯迪竇來協助他，每天花六小時記錄他的著述。

由於他已無法說話，只好靠左眼與迪竇溝通。迪竇每次依順序讀出法語常用字母，讓他組成詞語，他每眨眼一次即表示字母正確，眨眼兩次，則表示字母不合適。他是靠記憶判斷詞語，這可能會出錯，有時要濾去記憶中的多餘詞語。開始時由於兩人不習慣這種溝通方式，所以產生不少問題。兩人開始時每天花六小時默錄詞語，而且每天只能錄下一頁；後來才增至三頁，數月之後，他們終於完成了這部著作，估計他為了這本書共眨眼二百萬次。

孕育成功的良性循環與孕育失敗的惡性循環，其分野就在於是否擁有堅定的信念。

遠離失敗的孤島

失敗也是我所需要的，它和成功對我一樣有價值，只有在我知道一切不好的方法以後，我才知道做好一件工作的正確方法是什麼。

——愛迪生

世界上沒有任何事物是一蹴而就的，飄雨和落雪也不例外。

失敗者在嘗試某一新事物犯了錯誤或者陷入困境時，就會心灰意冷，裹足不前。他會這樣想：「我真希望自己是個完美無缺的人，而不是這樣笨得要命！假如我有好的天資、是個真正聰明人的話，一學就會懂得怎麼去做。不管什麼事情都不會失手，就會馬上把吸菸戒掉，學上一次滑雪就會滑得很好。

失敗者的如此心態是很幼稚的。他們以為，成功者都有遺傳的特殊天賦，有把事情做得至善至美的訣竅，學什麼都很容易。按照他們的想法，成功者每做一件新的事情都是輕鬆愉快、易如反掌。他們認為成功者一定都是「無師自通的天才」。然而，他們果真都如此嗎？

俄國偉大的醫學家米契可夫，他從小就養成積極自我肯定的習慣，尤其是青年時代常常對自己或別人宣示：「我的才能出眾，對事物熱衷的程度無人能比，並能專心一致，我將成為著名學者，是指日可待的事。把自己的理想或決定向別人宣稱，無異於訂下不能反悔的契約，實不失為自我肯定的好辦法。這種作法能把自己推向目標，努力邁進，產生一種鞭策的效果。

如果自我肯定的工夫過於勉強，往往會帶來反效果，但反覆的自我肯定，仍然有助於消除反效果，所以勉勵自己、勇於作為，仍不失為好現象。米契可夫因此而成功，就是一個典型的例子。

遺憾的是，失敗者一生當中總是保持著這種要求「即刻滿足」的模式。譬如：如果一個失敗者決定當一個藝術家，他可能期望自己一下子就能創作出一件傑作，期望自己一舉成名。如果他發現第一步很艱難、情緒便頓時大變，馬上退縮下來。他相信，如果一個有出息、有才幹的人，想要做什麼很快就能如願以償，用不著苦苦的做單調乏味的努力，用不著奮鬥，用不著花費時間。

他們不懂得成功是一個緩慢的過程，失敗了也要學會自我肯定。

成功者知道成功要花費時間，知道不可能一躍就跳上山頂取得成功。不管做什麼事，他們了解得從最低一個階梯起步，失敗一次，總結一次，最後才能達到嚮往已久的山峰。

培養信念的種子

最可怕的敵人，就是沒有堅強的信念。

——羅曼．羅蘭

相信沒有人能免於失意挫折，而風平浪靜的度過一生，失意沮喪正是突破困境、向成功邁進的關鍵，失意可說是一個人必經的歷練，並非只是空想就能有所突破，必須堅守信念，持續不斷。

僅就培養信念、勇於自我肯定方面，有很多名人的故事。

有一天，著名作家卡爾賴魯的帽子被一陣風吹走了，附近有人將他的帽子撿起拿來還他，於是卡爾賴魯說：「這個人真幸運，能與英國大文豪的帽子結緣，真是他的光榮。」著名的建築師萊特在法庭之上作證時，法官問他從事什麼職業，他的回答是：「古今最偉大的建築師。」

卡爾賴魯和萊特雖稍有不同，但那份自負自信卻值得我們借鑑。

大多數人都認為不可能的事，你卻肯向它挑戰，這就是成功之路了。然而這是需要信念的，信念並非一朝一夕就可以產生的。因此，想要成功的人，就應該不斷去努力培養信念。

信念要如何培養？其中的一個方法是，多讀一點有關的好書。然後和看不見的真理接觸，利用從潛能傳來的無限的能力，使事情變成可能。

另一個方法是，提高自己的欲望。借著提高自己的欲望來培養自己的信念；也就是要抱著欲望去挑戰，而從經驗中培養信心。這時候如果能配合著讀一點好書的話，效果會更好。

把「可能」這種思想做為種子，播在你的意識中，然後注意培養、管理。不久，這各種子會慢慢生根，從各方面吸收著養分。如果能熱心又忠實的繼續培養信念的話，不久所有的恐懼感就會消失殆盡，不會再像過去一樣出現在軟弱的心中，自己也就不會再成為環境的奴隸。就如引言故事中跳下去的那個人，他擁有了執著的信念，他不想受樹幹、懸崖束縛毅然的跳了下去。

第三輯　自己命運自己把握

做自己命運的船長

假如我們不改變方向的話，就有可能在原地踏步。

改變命運的契機，常常掌握在我們自己的手上。很多人在運氣不好的時候總是喜歡求神問卜，看能不能「大事化小，小事化無」，要不然能夠出現貴人或是轉捩點也行。其實，這些都是枉然。

有些人總是喜歡在最絕望的時候，把古典音樂放得很大聲，即使在夜闌人靜的夜裡。

並不是要代替怯懦的自己向命運呼喊，而是為了記起電影《刺激 1995》中，主角被判終身監禁之後，仍能保有對生命的堅定信念，不僅在心情上早已逃出監獄的禁錮，最後竟真的脫身逃獄，去到他夢想中的海邊長居。

生命不盡如人意的時候總是比較多的，可是，所謂生命力，也就是在遭到命運禁錮的時候，能夠破繭而出的力量吧！

春秋時代鄭國的燭之武，曾被派去秦國當說客，阻止秦國攻打鄭國。

燭之武一到秦國，在城門前就被士兵阻擋下來，根本進不去，更不要說當說客，為鄭國解除亡國危機了。

可是，燭之武當然不是拍拍屁股打道回府，一到晚上，他便用繩子將身體懸在城外，並且放聲嚎啕大哭起來。

果然士兵受不了他的哭號，便把他帶到秦穆公面前，問他為什麼哭。燭之武心想，計謀終於得逞，於是，便開始說道：「我為鄭國哭，同時也為秦國哭」。

他把秦鄭兩國鄰近的關係做了說明，一旦鄭國被滅，秦國的力量也等於被削減，這是非常危險的事情。

秦穆公一聽覺得有理。燭之武又繼續提到秦鄭兩國共同協防敵國的計畫，這不但讓秦鄭兩國原本的緊張關係一筆勾銷，還彼此結盟，讓鄭國的國防安全更加鞏固。

無怪乎燭之武在《左傳》中享有一席之地，因為他是能夠扭轉劣勢，甚至化危機為轉機的人。

如果你能夠改變目前正在做的事情，冒險用不同的方式，那麼，就算不會成功，至少也不會陷入同樣的膠著狀態，還有可能扭轉劣勢呢！

我是「拿破崙的孫子」

命運總是取決於個人所感覺的、所想要的和所做的是什麼。

——愛因斯坦

在一本書中看過這樣一個故事：一位外國知名企業家個頭矮小，其貌不揚，在一個講座中，有人向他提出一個問題：「作為一名成功人士，您認為，在成功的諸多前提中，最重要的是什麼？」

企業家沒有直接回答，而是講了一個故事：

多年前的一個傍晚，一位叫詹姆斯的青年移民，站在河邊發呆。這天是他三十歲生日，可他幾乎失去了活下去的信心。

他從小從育幼院長大，身材矮小，相貌不佳，說話帶著濃重的法國鄉下口音，所以他認為自己是一個又醜又笨的鄉巴佬，一直很瞧不起自己，連最普通的工作都不敢去應徵，沒有工作，也沒有家。

就在詹姆斯徘徊於生死之間的時候，與他一起在育幼院長大的好朋友約翰興沖沖的跑過來對他說：「亨利，告訴你一個好消息！」

「好消息從來就不屬於我。」詹姆斯一臉悲戚。

「不，我剛剛從收音機裡聽到一則消息，說拿破崙曾經遺失了一個孫子。播音員描述的相貌特徵，與你像極了！」

「真的嗎？我竟然是拿破崙的孫子？」詹姆斯一下子精神大振。聯想到爺爺曾經以矮小的身材指揮著千軍萬馬，用帶著泥土芳香的法語發出威嚴的命令，他頓感自己矮小的身材同樣充滿力量，講話時的法國口音也帶著幾分高貴和威嚴。

第二天一大早，詹姆斯便滿懷自信的來到一家大公司應聘。

二十年後，已成為這家大公司總裁的詹姆斯，查證到自己並非拿破崙的孫子，但這早已不重要了。「是的，大家也許已經猜到了，這位詹姆斯就是我。」企業家的表情由微笑變為嚴肅，「接納自己，欣賞自己，將所有的自卑全都拋到九霄雲外。我認為，這是成功最重要的前提！」

樹與羊的命運

世界上最有力量的人就是那最孤立的人。

——易卜生

日本人種了一種樹，稱之為邦賽樹。樹長得很美，而且造型完整，但高度只有幾寸而已。在加州，還有一種叫水杉的樹，其中一棵水杉被命名為將軍莎門。這棵巨樹高達八十三米，樹圍達二十二米，如果砍下，足夠建三十五間房子。但是當將軍莎門樹和邦賽樹還是種子的時候，重量都差不多。可是長成以後，差異卻很大，其背後隱藏的故事，是意味深長的。當邦賽樹的樹苗長出地面時，日本人把它拉出泥土，並且紮住主幹以及一些支幹，故意阻礙它成長，結果成了一種矮小的、美麗的樹。將軍莎門樹的種子自然的落在加州肥沃的土地上，而且受到礦物質、雨水、與陽光的滋潤，長成了巨樹。

雖然邦賽樹與將軍莎門樹不能選擇命運，而人們卻有權選擇。你可以隨心所欲，變得偉大或渺小，變成邦賽樹或將軍莎門樹，選擇的權利操縱在你的手中。

有這樣一個故事：一隻山羊要到山頂去吃草，於是牠朝著山頂的方向往上爬。爬呀爬呀，羊有點累了，但牠不想這麼快就放棄，牠給自己打氣說：「我不怕累，只要我一直不停的爬，就一定能夠爬到山頂！」羊又爬呀爬呀，牠很累了，這會牠還是不想放棄，於是再次給自己打氣說：「我不怕累，只要我一直不停的爬，就一定能夠爬到山頂！」羊接著爬呀爬呀，牠非常累了，這個時候牠更加不甘心就這樣半途而廢，於是牠繼續給自己打氣：「我不怕累，只要我一直不停的爬，就一定能夠爬到山頂！」

對於這樣一隻羊，有兩種可能的結局。一種是羊終於爬上了山頂，卻發現那裡根本沒有草。另一種是羊在山頂上發現了一大片綠油油的嫩草，食之不盡，牠在山頂過著快樂的日子，從前的種種磨難都成為美麗的回憶。

兩種結局都是可能的，如果你是羊，你會往那個或許沒有草，或許有很多草的山頂上爬嗎？

幸福不是毛毛雨

不下決心培養思考的人，便失去了生活中的最大樂趣。

——愛迪生

在生活和事業中，有時候我們的情況會很壞，那樣的狀況，彷彿人生已陷入谷底。但也應該明白，對於自己境遇的順勢或逆勢，往往是有生物節奏週期的。應該特別提醒的是，一旦你有陷入谷底的低潮感覺，就必然有引來更大不幸的危險。

有些人歲數不大，就已經很相信命運，他們會認為許多事情的發生，說到底都是命運的安排。這些自以為不幸並非自己招來的人，是地地道道的宿命論者，他們會在許多問題上都消極被動，聽天由命。

當然，凡事不努力，只等天命安排，老天哪會憐惜消極懶惰的人呢？有一首老歌是怎麼唱的？「幸福不是毛毛雨，不會自己從天上掉下來。」

幸福是絕不會從天而降的。

有一個家庭，在幾年前家中慘遭火災，燒死了夫妻最心愛的獨生子。

幾年後，那對夫妻終於克服了家園被毀孩子遇難的悲痛，重新蓋了新房，而且又生下一名男孩。但是，想不到新房又遭火，同樣的，房屋全毀，而且男孩也不幸喪生。

悲痛之餘，他們認為是自己命運的懲罰，不能在這裡生活下去，而移居到他處。

一個村莊裡總是發生孩子和家畜口吐白沫而死的事情，大家都認為是風水不好，觸犯了地龍，是地龍翻身造成的。有一對夫婦，因為家畜和孩子都死了，悲傷之餘，認為是命運安排，決心躲過去，便離鄉背井，遠走他方。

人們難免會悲歎：果真是他們的噩運當頭，被瘟神緊抓住不放嗎？

結果怎麼樣呢？

結果，有個記者親自去到那個地方了解情況，發現很多可疑點，最後經過警察部的偵破，發現是有人長期下毒造成的。

任何不幸的發生，實在是偶然大過必然。因為必然的事情，如果是被人所發覺的，都會得到糾正和控制。

「問題」是存活的希望

我要扼住命運的咽喉！

——貝多芬

一天晚上，一個失意者坐在酒吧的角落裡喝悶酒。他的朋友走過來問到：「你遇到了什麼難題，不妨說出來聽聽，看看我能否幫上忙。」

失意者無限惆悵的說：「我的問題太多了，是誰也幫不了的。」

朋友笑著說：「反正你坐在這裡也沒有什麼意思，我帶你去一個地方吧，說不定會對你有所啟發。」說完，就不由分說把失意者拉上了自己的車子。

朋友把他帶到一片墓地停了下來，下車之後，朋友指著前面的一塊塊墓碑，對他說：「只有躺在這裡的人才是沒有問題的。」

失意者恍然大悟，意識到了「問題」正是存活的希望。只要敢於正視問題，解決問題，就可以前進。

險峰與我何干

失敗的原因和智商、力量等因素並不相關，而往往是被周圍的環境所震懾，不敢放膽一搏。

一處地形險惡的峽谷，澗底奔騰著湍急的水流，幾根光禿禿的鐵索橫亙在懸崖峭壁間，那就是過河的橋。

有四個人一起來到橋頭，一個是瞎子，一個是聾子，另外兩個是不瞎不聾的健全人，他們都要過河。他們一個一個的抓住鐵索，凌空行進。結果，盲人、聾子過了橋，一個耳聰目明的人也過了橋，另一個則跌到了湍急的水流中，去了性命。

瞎子說：「我眼睛看不見，不知山高橋險，自然可以心平氣和的攀索過橋；聾子說：「我的耳朵聽不見，不管水流如何咆哮怒吼，在我這裡都是一片寂靜，自然也可以坦然無懼的攀索過橋；安全過橋的健全人說：「我過我的橋，險峰與我何干？急流與我何干？只管一步步落穩腳跟，不斷向前就是了。

很多時候，實現理想，追求成功的過程，就像是在水流湍急、山高峰險的懸崖峭壁間過鐵索橋，失敗的原因和智商、力量等因素並不相關，而往往是被周圍的環境所震懾，不敢放膽一搏。

有一位作家在盛年之時，因為視網膜脫落雙目失明，但他憑著一股頑強的毅力始終堅持創作。他以旁人無法想像的恆心和耐心學會了電腦盲打，他專心致志的投入了長篇小說的創作。後來他的長篇經過近十次的修改，終於順利出版了，並榮獲當年的優秀小說大獎。在這本書的後記中，他寫了這樣一段話：「眼睛看不見，在黑暗中摸索寫作，有許多的不方便；但我們一生中，總會遭遇許多困難，必須設法克服，一個人只要不自己限制自己，就沒有什麼困難可以限制他。」

是啊，一個人只要不自限，記住「險峰與我何干」，不畏懼眼前或周圍的困難、險境，就能為自己開創一片無限廣闊的天地。

偷羊的聖徒

在事業成功的各因素中，個性的重要性遠勝過優秀的智力。

——卡內基

有兩個年輕人，因為貧窮的緣故，一起去偷羊，結果被當場抓獲。當地人按照風俗習慣，在兩個年輕人的額頭上烙上了英文字母ST，即偷羊賊（SHEEP THIEF）的縮寫。

其中一個年輕人無法忍受內心的羞辱感，無法頂著這兩個字母在家鄉生活，便選擇了遠走他鄉。但他額頭的字母總是引來別人好奇的發問，這使他痛苦不堪，一直生活在鬱鬱寡歡之中。

另一個年輕人開始時也為自己頭上的字母充滿了悔恨，但他再三考慮後，選擇了留下，他決心以自己的實際行動來洗刷這份恥辱。

隨著時光的流逝，他為自己贏得了良好的聲譽。當他年老時，好奇的旅客問當地人，這兩個字母是什麼意思。當地人說：「我估計是聖徒（SAINT）的縮寫。」

困境出現，有人選擇逃避，有人選擇坦然面對，這是懦弱與勇敢之間的區別。勇敢者總是能夠從跌倒的地方站起來，怯懦者則只會一蹶不振。

欣賞鏡子裡的你

學會接受自我，才能構建屬於自己的頭腦

有一個叫琳的女孩，她有著天使般美麗的臉孔，可是罵起街來卻粗俗不堪，她曾吸毒，還賣淫。

有一天，一位心理學家的一本著作觸動了她的心靈，她找到這位心理學家希望能夠拯救自己。

心理學家確信她墮落的表相下是一個出色的人。起初，他用催眠術使她回憶學生時代的她是什麼樣子。當時她很聰明，但是不敢表現自己，怕引起同學的嫉妒。她在體育上比男孩強，招惹來一些人的諷刺挖苦，連她姐姐都怨恨。心理學家讓她做練習，她哭泣著寫了這樣一段話：你信任我，你沒有把我看成壞人！你使我感到痛苦，也感到了期望，你把我帶到了真實的生活，我恨你！

十年後的一天，這位心理學家在大街上與琳邂逅，他幾乎認不出來她了：衣著華麗，神態自若，生氣勃勃，絲毫不見過去的創傷。

寒暄後，琳說：「你把我看作一個特殊的人，也使我認識到了這一點。那時我非常恨你，承認我是誰，我到底是什麼人，這是我一生中從未遇到的事情。人們常說承認自己的缺點是多麼不容易的事情，其實承認自己的美德同樣也很難。」

站在一面鏡子前，觀察自己。你可能喜歡某些部分，不喜歡某些部分。有些地方可能不怎麼耐看，但請你不要逃避，不要抵觸，不要否認自己的容貌。這個時候你就要放棄完美，放棄「公有化」的標準，而用自己的標準來看待自己。這樣你才能更好的把握自己，主宰自己。

「成為你自己！」這句話知易行難，道理就在於此。失去了自我，失去了個性與自我意識，還能談到什麼改進和提高呢？

試著對著鏡子裡的自己說：「無論我有什麼缺陷，我都無條件完全接受，並盡可能喜歡我自己的模樣。」你可能想不通：我明明不喜歡我身上的某些東西，為什麼要無條件完全接受呢？

接受事實，是承認鏡子裡的臉孔和身體就是你自己的模樣。接受自己承認事實，你會覺得輕鬆很多，感到真實和舒服了。時間不長，你就會體會到自我與自信自愛之間的相輔相成的關係。只有接受了自我，才會構建屬於自己的頭腦，才會真正主宰自己的命運。

倒掉不是清水的水

做出正確的取捨，才能把握命運。

人的一生中都會面臨著無數的選擇。當各種機會接踵而來的時候，該如何選擇、如何放棄呢？

看清楚自己心中真正想要的是什麼，才能在人生的重大選擇中有衡量的標準。

著名詩人李白曾有過「仰天大笑出門去，我輩豈是蓬蒿人」的名句，瀟灑傲岸之中，透出自己建功立業的豪情壯志。憑藉生花妙筆，他很快名揚天下，榮登翰林學士這一古代文人夢寐以求的事業顛峰。但是一段時間之後，他發現自己不過是替皇帝點綴升平的御用文人。李白這時候就面臨一個選擇，是繼續享受榮華富貴，還是走向江湖窮困潦倒？以自己的追求目標作為衡量標準，李白毅然選擇了「安能催眉折腰事權貴，使我不得開心顏」，棄官而去。

一些看似無謂的選擇其實是奠定我們一生重大選擇的基礎。無論多麼遠大的理想，偉大的事業，都必須從小做起，從平凡處做起，所以對於看似瑣碎的選擇，也要慎重對待，考慮到選擇的結果是否有益於遠大的目標。

古時候有位高人在給慕名前來的人第一次講道理時，他先拿了一滿杯黑顏色的水，然後再往這杯子裡倒清水。杯裡的水不斷向外流溢，但杯子裡的水仍有黑顏色混在其中。這時，那高人對求學者說：「要想得到一杯清水，必先倒掉髒水，洗淨杯子。」

你必須學會選擇，選擇適合你自己應該擁有的，否則，生命將難以承受！

給生命減歲

汩汩的時光之水流逝，年輕的心境卻永不會磨損。

下面是一篇摘錄來的文章，相信對廣大讀者會有一定的啟發。

驚世駭俗的麥當娜到了四十歲，進入了生命的成熟期。但是她卻有一套自己的驚人之論。她說她雖然生理年齡四十歲了，但是自己必須減五歲，實際上是三十五歲才對！

她的理由有：當年與西恩潘的婚姻，可說是有一整年是浪費的，因此必須減去一年。她與女喜劇演員珊德拉．班哈特為爭女兒而翻臉，因此兩年的友情算是空白，所以這兩年也不能算。接下來是她曾經演過大爛片《肉體證據》，所以這一年也不能算。最後是演出《狄克崔西》時與華倫比提的戀愛謠傳，那一年等於是浪費她的生命，因此必須要減掉那一年。

如此推算下來，果然她生命的期限又多了五歲！真的可以理直氣壯的再年輕一次了！

想想看，你是否也有歲月浪費掉，需要重過的？花了三年的時間愛錯一個人？減掉三歲吧！因為失戀而消沉了一年？減掉一歲！花了兩年時間做了一個不喜歡的工作，減掉兩歲！這樣算下來，你是不是又年輕了幾歲？時間對你再也不是壓力了！你是不是又可以重新開始嶄新的生活？

其實時間是供我們垂釣的溪流，在這條溪流中，我們想要抓住星星、月亮或者魚群、水草，完全掌握在我們的手中。汩汩的時光之水流逝，年輕的心境卻永遠不會磨損。

法國思想家蒙田說：「我寧願有一個短促的老年，也不願在我尚未進入老年期就老了。」

因此，好好掌握自己的生命，運用減歲哲學將使你的心情永遠不會衰老，永遠有機會重新開始。

放下棉花拾金子

大多數人一邊自己放棄機會，一方面又怪機會不降臨在他身上。

看到過這樣一則寓言故事：

有兩個貧苦的樵夫靠著上山撿柴糊口，有一天在山裡發現兩大包棉花，兩人喜出望外，棉花的價格高過柴薪數倍，將這兩包棉花賣掉，足可讓家人一個月衣食無慮。當下兩個人各自背了一包棉花，向回家的路走去。

他們走著走著，其中一名樵夫眼尖，看到山路上放有一大捆布，走進細看，竟是上等的細麻布，足足有十多匹之多。他欣喜之餘，和同伴商量，一同放下肩頭的棉花，改背麻布回家。

他的同伴卻有不同的想法，認為自己背著棉花走了一大段路，到了這裡才丟了棉花，豈不枉費自己先前的辛苦，堅持不願換麻布。先前發現麻布的樵夫屢勸同伴不聽，只得自己竭盡所能的背起麻布，繼續向前趕路。

又走了一段路之後，背麻布的樵夫望見林中閃閃發光，待近前一看，地上竟然散落著數罈黃金，心想這下真的發財了，趕忙邀同伴放下肩頭的東西，改用挑柴的扁擔來挑黃金。

而他的同伴仍是不願丟下棉花，甚至懷疑那些黃金是假的，勸同伴不要白費力氣，免得到頭來竹籃打水一場空。

那個發現黃金的樵夫只好自己挑了兩罈黃金，和背棉花的夥伴趕路回家。走到山下，無緣無故下了一場大雨，兩人在空曠處被淋了個透。更不幸的是，背棉花的那位樵夫肩上的大包棉花，吸飽了雨水，重得完全無法再背得動，那樵夫不得已，只能丟了一路辛苦捨不得放棄的棉花，空著兩手和挑金子的同伴一起回家。

機會來到的時候，人們常有種種不同的選擇方式。有的人會單純接受；有的人抱懷疑的態度，站在一旁觀望，固執的不肯接受任何新的改變。許多成功的契機，起初未必能讓每個人都看到深藏的潛力，而起初抉擇的正確與否，往往更決定了成功與失敗的分野或命運的臧否。

在人生旅途中的每一次關鍵時刻，審慎的運用智慧，做最正確的判斷，選擇屬於自己的正確方向。同時別忘了隨時檢查自己選擇的角度是否產生偏差，適時的加以調整，千萬不能像背棉花的樵夫一般，只憑一套哲學，便欲度過人生所有的階段。

有必要再強調一下，放掉無謂的固執，冷靜的用開放的心胸去做正確的選擇。每次正確無誤的選擇將指引您步出困境，永遠走在通往光明的大道上。

認識自己的路

在我們之間，連那些最有勇氣的人，也鮮少有勇氣去認識真正的自己。因為『自己』並非隱藏在你的內心深處，而是在你無法想像的高處，至少是在比你平日所認識的『自我』更高的層次裡。

——尼采

我們生存的現代的這個社會充滿太多的誘惑，它可以讓人立即得到許多名利雙收的機會，所以，太少人願意投身在真正屬於自己喜愛的領域當中。特別是像藝術這樣浩瀚無邊，卻又難尋知音的情況下，願意投身於純粹藝術領域的人就更稀少了。對於追求、認識真正的自我，恐怕也是非得要竭盡一輩子的心力冒險，才能真正認識的。

但是，大部分的人，即使是像托斯卡尼尼這樣饒具音樂天分的人，都有可能會因為安於原本的選擇，沒有冒險的機會，而錯失認識自己真正的才華。

托斯卡尼尼原本主修大提琴，他的記憶力非常好，只要練習過一兩次的樂譜，他就能背誦演奏。

在他十九歲時，他隨團到巴西的歌劇院演奏。有一晚，正要上演威爾第的「阿依達」，由於一連串的臨時事故，兩位指揮都無法上台，同事就在這個緊要關頭把托斯卡尼尼推上台。

這一晚的演出，雖然觀眾都不認識這位年輕的指揮家，可是，全場都被他精湛的指揮能力所折服，於是一代偉大的指揮家就此誕生。

正是由於這次人生演出中的意外冒險，使他發現了那個內心深處真正的自我。

然而對瑞典植物學家林奈來說，認識自己的道路早已展開在眼前，可是，要真正發現自己能夠創造多麼偉大的自我，卻不是件容易的事。

發明「二名法」為植物分類的林奈，從小就對花有莫大的興趣，長大以後，他的父親希望他做牧師，可是他不願意。後來有一位醫生願意負擔所有學費讓他學醫，可是，他後來還是改行教植物學。

事實上，為了研究植物，他常常帶學生到處去採集植物，不辭辛苦走很遠的路。這樣的工作遠比現成的牧師和醫生的道路還要辛苦，可是，對林奈來說，若不是在植物的世界中，他就不是林奈。

而沒有林奈，我們對於廣大的植物世界，恐怕仍然沒有一個明確的定名足以提供溝通和研究呢！

因此，對於不滿足於目前狀況下的你我，是不是也該給自己冒險的機會，看看完全展現熱情活力的自己，能夠如何發揮得淋漓盡致呢？！

蘋果打在牛頓頭上

那些在人生後半段成功的人，是由於他們在人生前半段的失敗中找到了成功的靈感。

林清玄曾在他的散文中舉過兩個例子，其中便講到如何認識失敗與失去的價值。聞名世界的日本服裝設計師三宅一生，在被訪問到他如何成功的設計出獨創一格的服裝時，談到過兩個令人深思的問題。一是他認為自己所設計的服裝只完成了「部分」，而把一半的創造空間留給穿衣服的人，這樣，穿衣服的人才能穿出自己的風格，並且使同一件衣服有極大的不同，依這個觀念設計出來的服裝不容易失敗。二是他選擇衣服布料的時候，總是請布廠拿出設計、印染色、紡織失敗的布料，他則依照這些被公認為「失敗」的布料找到靈感，裁製出最具獨創與美感的作品，因此他的作品總是獨一無二，領導著世界的服裝潮流。

三宅一生的這種做法我們可以歸結為一種「失敗哲學」，對於那些在生活中一味求取成功與獲得的人來說，無疑有著很好的啟迪作用。對於一個有創造力的藝術家，生活的進程最重要的是有成功的進取心，但是，成功不是必然的，唯有在失敗的因數裡找出成功的果實，才可能創造真正的成功。

當然，像三宅一生這樣在失敗中求取成功的人，歷史上不可勝數，我們可以把這種失敗稱之為「打在牛頓頭上的蘋果」，因為他們被失敗的蘋果擊中，才碰擊出成功的火花。

佛經裡有一句話：「眾生以菩提」，或者說「煩惱即菩提」，意思不是煩惱等於菩提，而是說有慧心的人總能在煩惱中找到智慧，而且為了治癒更多的煩惱，會產生更高的智慧——平順的人通常不會比越挫越奮的人有智慧，真正的強者往往能不憚失敗的煩惱。安樂令人沉淪，憂患反而激發生存的力量，也就是這個道理。

膽怯釀造悲哀

我們因為害怕被拒絕而不敢跟人們接觸；我們因為害怕被嘲笑而不敢跟人們溝通情感；我們因為害怕失落的痛苦而不敢對別人付出承諾。

很久以前，貧困潦倒的人碰到一個神仙，這個神仙告訴他說，有大事要發生在他的身上了，他有機會得到很大的財富，在社會上獲得卓越的地位，並且娶到一個漂亮的妻子。

這個人終其一生都在等待這個奇蹟的實現，可是什麼事也沒發生。

這個人仍舊窮困的度過了他的一生，最後孤獨的老死了。

當他上了西天，他又看到了那個神仙，他氣憤的對神仙說：「你說過要給我財富，很高的地位和漂亮的妻子，我等了一輩子，卻什麼也沒有。」

神仙回答說：「我沒有說過那樣的話，我只承諾過要給你機會得到這些，可是你卻讓這些從你身邊溜走了。」

這個人迷惑了，說：「我不懂你的意思。」

神仙回答道：「你記得你曾經有一次想到一個發財的好點子，可是你沒有行動，因為你害怕失敗而不敢去嘗試？」這個人點點頭。

神仙繼續說：「因為你沒有去行動，這個點子幾年後被給了另外一個人，那個人一點也不害怕的去做了，你可能記得那個人，他就是後來變成全國最有錢的那個人。還有，你應該記得，一次城裡發生了大地震，好多房子都毀了，好幾千人被困在倒塌的房子裡，你有機會去幫忙拯救那些存活的人，可是你卻怕小偷會趁你不在家的時候，到你家去打劫，你以這作為藉口，故意忽視那些需要幫助的人，而只是守著自己的房子？」

那人不好意思點點頭。

「那次你可以拯救幾百人，而這個機會可以使你在城裡得到多麼大的榮耀啊！

神仙繼續說：「還有那個頭髮烏黑的漂亮女子，那個你曾經非常強烈的被吸引的，你從來沒有這麼喜歡，之後也沒有再碰到過像她這麼好的女人？可是你想她不可能會喜歡你，更不可能答應跟你結婚，你因為害怕被拒絕，就讓她從你身旁溜走了？」

這個人又點點頭，流下了悔恨的淚水。

神仙說：「我的朋友啊，就是她！她本來應該是你的妻子，你們會有好幾個漂亮的小孩，而且跟她在一起，你的人生將會有許許多多的快樂。」

每天我們身邊都會圍繞著很多的機會，包括愛的機會。可是我們經常像故事裡的那個人一樣，不懂得把握機會，從而改變自己的生活和命運。不過，我們比故事裡的那個人多了一個優勢，那就是：我們還活著，我們可以從現在起抓住和創造我們自己的機會。

走人跡最少的那條路

樹林裡有兩條路：而我——選擇了人跡較少的一條，使得一切多麼的不同。

——羅勃・弗洛斯特

在港台目前最前衛的資訊產業中，聯強國際也因為冒險挑戰最麻煩的事，最後終於取得領導地位，成為無可取代的資訊網路商。

一般人習慣將麻煩的事情交給別人去做，因為事越麻煩，本身越沒把握做好，乾脆交給更「專業」的人去做，至於他人是否做得好，反正眼不見為淨。頂著專業分工的大旗，人性上的弱點便就此被合理化。

聯強卻剛好相反，越是麻煩的事，越是自己尋求解決的方案。

這樣的好處在於，唯有自己才真正了解自己的需求，才能知道何種方案能切合實際需要。別人或許能臨摹出個大概，不見得能夠考慮周到，這將使得設計出來的工具，不能完全符合操作者的需求。

另一個更重大的意義在於，一旦聯強能夠克服困難，針對最麻煩的事情提出妥善的解決方案，這反而成為聯強最大的競爭優勢，使其不容易被取代，並成為競爭對手超越的目標。

以今日視之，個人的電腦產業的發展越更加成熟，網路商銷售功能的價值正逐漸降低，因為當電腦成為相當普及化的產品時，其銷售的困難度也越低。

聯強能夠保有競爭力，甚至在資訊網路業界成為全球市值最高的公司，絕非僅僅具有銷售的功能就可以達成，反而兼具配送、維修等功能，才是其真正的價值所在。

上帝總把最豐美的果實留給肯冒險的人，所以成功者總是那些願意冒險，做沒有人做的事情的人。

午餐到晚餐隔八個小時

在他看來，自己與環境鬥爭所付出的一切都是理所當然的，都是值得的。

有人說，什麼人什麼命；有人篤信：人的命是上天已安排好了的。似乎是人生的經驗之談，但二者都只強調了現實的一個側面，而忽略了另一面，也就是說這兩種似是而非的結論都取自問題的單一思考角度。從整體看，應該說命運的主宰是由這個人與他的生存環境的互動水準決定的。但是人與人的差異很大，那些慣於依賴的人，其命運自然更多的拜託給了環境，而那些具有鮮明個性特質的人，則更樂於相信人性決定命運。

所有的幸運者都有過相同環境較量的經歷。這是因為不存在一生一世一帆風順的生存背景。

有的人由於個性的鮮明、桀驁不遜，甚至在離開人世幾十年、上百年之後才交上好運。也就是說，他們為了堅持自己，到死都沒有被環境認可。直到有一天環境醒來，忽然意識到自己無情拋棄的那些「執著的怪物」，其實恰恰滿足了今日的需要，這才將否定再一次否定，去挖出那些沉睡已久的曠世傑作。

近代音樂史的「歌曲之王」舒伯特一生只走過了飢腸轆轆的三十一年，他臨死的全部遺產僅值二十多個古爾盾。這位被後人封為浪漫主義音樂派先驅的奧地利作曲家，曾在一封給哥哥的信中寫到：「我們常常想吃蘋果。從粗劣的午餐到晚餐，中間足足隔著八小時呢！」他後來為莎士比亞的詩譜寫的《聽！聽！那雲雀》是在小酒店作成的，貧困的作曲家只能把這首曲子唱給幾個年輕的窮朋友聽，而當時維也納的顯貴們根本無從知曉這位作曲人。

一天，舒伯特飢餓難耐，情不自禁的走入了一家餐館。由於身無分文，他尷尬的坐在餐桌旁。這時，他偶然從一張報紙上讀到了一首小詩，馬上為詩配了一首曲子，交給店長換了一盤馬鈴薯。這首樂曲就是後來舉世聞名的《搖籃曲》。在他去世三十年後，這份樂曲手稿在巴黎以四萬法郎拍賣成交！

對舒伯特來說，與環境的較量，就是他對一生的音樂追求使他在活著的時候沒有被「餓」死。他珍惜志趣，與音樂共命運，這份頑強只能歸於他天性裡對音樂的熱愛和擅長；他的藝術之魂產生於對飢苦的長久忍受之中。

砸了飯碗換來的致敬

做人的方式或發展之路不被環境所接納時，不要僅僅是自省自責；還應看到，外在評價未必真的懂得你做什麼，或者真的夠水準夠分量。要有勇氣把有價值的設想在不利中堅持下去。

有時你也許會在無回報的努力中僅僅實現了自己的心願，這種感覺雖然不免淒涼苦澀，但這對於那些清楚自己是誰、懂得自己所為的人，同樣也是一種至深的滿足。而有時，就是在背水一戰的堅持中才贏得了轉機。

正在奧爾良公爵府上做書記員的大仲馬擠時間寫出了《亨利第三和他的宮廷》。聽過他朗讀劇本的文化人無不為之讚歎叫絕。法蘭西喜劇院不在乎劇本可能招致的政治衝突，破例接下了這個戲。第二天消息傳到了公爵總管那裡，總管以不務正業為由，怒傳大仲馬到辦公室，讓大仲馬在劇作者和書記員兩種職業中擇一而從。面對上司的威脅，大仲馬不卑不亢：「我是不會辭職的。至於我的薪水，如果那每月一百二十五法郎對於公爵殿下的預算是一種負擔，我可以放棄。」大仲馬冷靜而自尊的結束了這次離職對話。次日，他的薪水停發了。

當時，這位從小鎮的敗落名門走出來的年輕人頗費了一番周折才謀到這個差事，他很清楚丟了工作對自己意味著什麼，但為了心愛的創作事業他毅然選擇了生存危機。幸好巴黎是個珍視文化的都市，在朋友的幫助下，身陷困境的大仲馬與一位銀行家談妥，用劇作的一個副本作抵押，存入銀行金庫，貸款三千法郎，並保證據本上演後將本帶息一次還清。這使得大仲馬絕處逢生。

由於大仲馬巧妙的自薦與力爭，《亨利第三和他的宮廷》在法蘭西劇院首演的包廂被奧爾良公爵預定一空，二三十位親王、公主的出席使整個劇院一派豪門華光。自帷幕升起，驚心動魄的新式劇情便不斷贏得熱烈的掌聲。大仲馬曾擔心第三幕情節偏激，看慣了傳統劇的觀眾會難以接受，沒想到竟招來滿堂喝彩。演到第四場，全場觀眾興奮得癲狂歡呼。當劇終宣布劇作者的姓名時，全場起立向大仲馬致敬，文壇巨匠維克多．雨果也在其中。這次演出首開法國浪漫戲劇的先河，大仲馬一夜之間成為法國著名的作家。

大仲馬的決定性發展是「砸了飯碗」換來的，這應該說是突破了極限的與環境的較量，結果反而起死回生。所以有些「禁區」並非如我們想像的那樣可怕，真闖進去反而會遇到「柳岸花明又一村」的景色。今天我們許多人雖然沒有大仲馬那種為了志趣自討苦吃的高傲，但也有了重謀出路，自我奮爭的勇氣；只要看準方向，努力去做，不怕路途坎坷，多一些對辛苦的忍耐，就總會收到意想不到的回報。

走夜路的精彩

嚴酷生存背景教人大悲大喜，大智大勇；教人敢走夜路，冒死前行；教人超越自我，敢於從零開始；教人看淡一切身外之物。

機遇作為命運的組成部分，是環境的產物，每個人不得不隨著環境的變化起落跌宕，坎坷前行。有時，我們面對這種難以預測、無法把握的巨大變化，顯得無可奈何，狼狽不堪；有時，我們又覺得透過這種陌生的活躍態勢看到了從未有過的希望。這希望及與之相對的行動又叫我們看到了自己身上從未顯出的力量和色彩；這時，我們才發現自己在環境的壓力下，正在迅速的成長。

十九年前，一貧如洗的青李曉華就是在艱苦的掙扎與搜尋中，被機遇鍛造成今日的億萬富翁的。李曉華說：「我出身於工人家庭，沒有任何靠山，全憑自己赤手空拳打天下。這樣也好，它使我沒有退路。在絕境中求生存，就能調動一切潛力，做十二分的努力。」小胡同裡的快樂童年、平平的學業成績、十年的務農，都沒顯出他的才幹，但困苦逼著他從最基本的生存欲望開始了自立奮鬥。

某國修建公路招標，給了很優惠的政策，但因路段不夠長，車流量不算大，沒人願意做。李曉華前去考察時得到一個資訊：此路段附近發現一個儲量很豐富的油氣田，但最後確認工作尚未結束，這就給此專案蒙上一層危險的誘惑。經過周密企劃，李曉華決心頂著破產的風險奪標，為此，他壓上了全部資本並貸款三千美元，貸款期限半年，到期還本付息。「也就是說，如果半年內公路專案出不了手，貸款還不上，我就得跳樓！「這致命的選擇逼來致命的連鎖反映，他夫人說：「你要是做，我就跟你離婚！」雖然他相信與自己走過每一個低谷的妻子不會離開他，但不忍心讓妻子再陷回當年的困境。不過，李曉華就是李曉華：富與窮都不能改變他的平民本色和開拓個性。

危險環境是對人的個性的最嚴酷的摔打。同時，也有一半的可能以及慷慨的酬勞獎勵人的堅強意志，證明人的直覺判斷。當人起死回生時，便已走進一個更精彩的境界。

對「悲傷」作決定

強烈的實現志趣的意願，為理想嘗試並承受一切陌生的勇氣。

英國哲學家、數學家羅素在《走向幸福》一書中這樣寫道：「一個具有一定興趣和信念的人會發現，生活在某一個群體中時，自己實際上成了一個被驅逐者，在另一個群體中，則又作為一個完全正常的人而被接受。許許多多的不幸，尤其是青年人的不幸，即由此而產生。一個青年男子或女子接觸到某些新思想，但是卻發現這些思想在他或她的生活環境中受到詛咒。於是這個青年很容易產生這種想法，把自己所熟悉的唯一環境當作整個世界的代表。正是對世界的無知，人們經受了許許多多不必要的痛苦，有大多數人只是在青年時期，而不少人甚至整個一生都如此。」

正如羅素所言，世界的小環境是豐富多彩的，水準也是參差不齊的。如果我們確信這一點，就可以為自己去尋找一個更理想的環境。這個環境也許是一個適於你的職業，也許是一個能與你深交的人，也許是一處你非常喜歡的天然居所，也許是給了你歸屬感的人文背景，也許是讓你一展才華的創舉。

日本音樂指揮家小澤征爾是世界一流的指揮大師，一九四一年做牙醫的父親被迫帶著一家人返回東京，生活陷入困境。童年的小澤征爾這時已顯出過人的音樂天賦。他一接觸琴鍵就顯出駕馭「樂器之王」的潛力。但是，一次意外使小澤征爾兩手的食指嚴重挫傷，僵直的傷指逼得他不得不放棄心愛的鋼琴，那年他已十四歲，也練就了相當的音樂技能。沉重的打擊沒能奪走他再選擇音樂的意志，他覺得改學樂隊指揮。日本東方音樂學院的著名教授齋藤秀夫收下了他，他跟著自己敬愛的老師學習指揮直到一九五九年。

二十四歲時，他遠涉重洋到歐洲深造指揮藝術。在歐洲，他人生地不熟，說著蹩腳的外文，邊學習，邊賺麵包。生活雖然艱辛，他卻得到了最寶貴的表演機會。一九六一年他加入美國紐約的交響樂團，成為世界級優秀指揮家和作曲家伯恩斯坦的三個副指揮之一。在歐美，小澤征爾的音樂天才迅速得到認可和提升，並極快的達到爐火純青的境界。

小澤征爾說：「我的工作就是處理複雜的樂譜。例如：有一個樂譜的符號是悲傷，可是，究竟何為悲傷？是哪一種悲傷？是寧靜的悲傷、陰鬱的悲傷，還是沉悶的悲傷？這些作曲家並未說明，必須由我來做出決定，這就是我的職業。」

對於環境與個性關係的清醒認識和把握使小澤征爾走向藝術的頂峰，贏得了內心的無限滿足。但正因為他親歷過環境與個性衝突的抉擇。一九七九年，他讓妻子帶著兩個過慣了日本生活的孩子遷回祖國定居，解除了小女兒在波士頓因生活方式的矛盾帶來的痛苦，而他自己仍追隨音樂馳騁在理想的異國他鄉。看來小澤征爾的幸運已牢牢繫在了音樂之緣上。

正如小澤征爾一樣，個性對環境的選擇在很多時候已成為我們能否把握自己命運的歷史性前提。

當我們為了理想的實現，為了給自己個性開拓出更廣闊的發展時空，真的決定要趟一條新路時，還要對新的現實有充分的調研，盡量做好心理、經濟和技能的準備，使自己能早些由被動轉為主動，在新的環境中有根基的發展起來。

一句話石破天驚

正因為敢於與慣勢決裂，敢與許多人相悖，所以才發現了新奇的路，才取得了創造性的成功，也才吸引了多數人的關注，這是那些有特殊心理素養的人的共同特點。

看過《北京人在紐約》的觀眾除了對電視劇感興趣，更對此劇破天荒拉到美國的拍攝過程感興趣。這個二十一集的電視劇由鄭曉龍、馮小剛、李曉明、劉沙、彭曉林等一夥人企劃的。他們團隊的特徵是思想活躍，藝術感覺敏銳、善於捕捉社會心理焦點，其中最突出的一點是敢為人先。他們拍的首部室內劇《渴望》令人念念不忘，首部雜文劇《編輯部的故事》又播得大街小巷無人不知。他們似乎專走沒人走過的路。在討論劇本時，大家輕車熟路，心中有數，但一提搭景才遇到真正的興奮點——到美國去找景！讓美國人知道中國電視人！話題越離譜，這些人越上勁。不尚空談，這是他們的一貫作風，不論事情多難，達成共識就行動。他們怕招惹不必要的麻煩，悄悄的開始做，但還是走漏了風聲，結果冷嘲的、規勸的、加油的，一下把他們逼上了背水一戰的真困境。去美國要籌款一百五十萬美元，幾位主創人員兵分三路南下，四處遊說籌款，但有實力的企業聽到這個金額無一贊助。這時鄭曉龍斗膽提出「貸款」，這主意連組裡一向有創見的人也認為不可能，但終歸是同路人，大家還是決定闖闖試試。

前期工作已進行了三個月，九十個不眠之夜如一片過眼雲煙。萬里征程的奔波、伸手要錢的尷尬，都沒能使他們動搖；而讓他們心急如焚的是集資失敗、貸款無望、五十萬元的啟動資金業已告罄。為壓縮開支，劇組省吃儉用，但這次比起開動之初是真的陷入絕境了。繼續下去，已無路可走，宣布失敗，又不甘心。這是劇組最難熬的日子，奇怪的是，大家都不肯散去，而且每天念念有詞的用「有利的形勢，主動的恢復，往往產生於再堅持一下的努力之中」互相鼓勵，但「無米之炊」能頂多久？大家真開始心灰意冷了。

這時馮小剛靈機一動，「我們幹麼不把這事跟政府說說？」一句話石破天驚，馮、李、劉、彭四人署名的信件直寄中南海，沒想到三天後，劇組就獲得了轉機。在政府銀行的理解和支持下，開了貸款拍劇的先例，這在中國電視劇史和銀行貸款史上都是第一次。

這個劇組與眾不同，大獲全勝。他們的冒險成就給人印象最深的就是奇思異想之後的行為韌性，而且韌中有智。當然這一切都是他們那種敢為人先、不新不做的品味引起的。

除去工作的創造、藝術的創造，還有享受的創造。獨特新穎的享受不但可多一種享受的愉悅，還會有更多的趣味性。

看來，只有出眾才能看到更廣闊、更自由的時空，才能技高一籌，才能享受超凡的勝利和風情。

創造永不凋謝的花朵

大自然是個公平的交易員，只要你付出相當的代價，你需要什麼，她就會支付給你什麼。

人的思想就像樹根一樣，散布在四方，這許多思想的根產生活力，便能帶來希望。如果沒有南方，那麼候鳥就不會在冬天飛往南方，因為正是南方給了候鳥希望。人不是靠命運安排，而是要安排命運！人生的有幸與不幸，將永遠和你結伴而行。命運可以決定你奮鬥過程的順利或艱辛，但追求的結果卻一直掌握在你自己手中。

海倫．凱勒西元一八八〇年出生於美國一個小鎮。她從小聰明過人，然而不幸的是，當她一歲多的時候，一場暴病奪去了她的視、聽、說的全部能力，無情的現實把這個小女孩投進了黑暗與寂靜、混沌與無知的世界之中。小海倫七歲時，父母為她請來了一位名叫安妮．沙莉文的啟蒙老師，從此，這位教師使海倫的一生發生了極大的轉變。

教師把海倫帶到水槽，用清涼的水滴在她的一隻手上，同時在另一隻手上拼寫「水」字，這使海倫認識到宇宙事物都各有名稱。老師把海倫帶到郊外，或在家裡，見什麼東西就摸什麼，就在她手上拼什麼詞，小海倫很快就記住了。海倫要學說話，盲聾啞學校校長富勒小姐親自教她，富勒小姐發音時，要海倫把手放在她的臉上，用感覺來刺激舌頭和嘴的牽動情況，然後模仿著發音，慢慢的，海倫開始用嘴說話了。經過艱苦的訓練，海倫以超人的毅力開始學習英、法、德、拉丁、希臘五種文字，並且掌握了這些文字。

後來，海倫克服了難以想像的困難，以優異成績考取了美國第一學府——哈佛大學。二十一歲，海倫寫了一本自傳——《我生活的故事》，轟動了美國文壇。而且，她還把畢生的精力和常識傾注到為盲人和聾啞人謀利益的公共事業中。

人生不是休止的，而是在追求的旅途中。

成功者一面不懈的追求，一面用心血澆灌他艱難、孤獨的征途，用胸中灼熱的鮮血創造出永不凋謝的花朵。

第二天就得保單

沒有希望不會有追求，沒有追求不會有成就。成就的取得往往來自於鍥而不捨的精神。你永遠也打敗不了一個永不認輸、不停追求的人。

你也許不比別人聰明，你的口才也不比別人好，但你卻不一定不如別人成功。只要你多一分耐性、少一份懦弱，多一分熱情，少一分冷漠，在即將放棄一項工作之前，告訴自己，再做一次努力，也許你就會開啟成功之門。

市村清池在青年時代擔任日本富國人壽熊本分公司的推銷員，每天到處奔波拜訪，可是連一種合約都沒簽成。因為保險在當時是很不受歡迎的一種行業。

在六十八天之間，他一件契約也沒簽成，保險業又沒有固定薪水，只有少數車馬費，就算他想節約一點過日子，仍連最基本的生活費都沒有了。

到了最後，已經心灰意冷的市村清池就和太太商量準備連夜趕回東京，不再繼續拉保險了。此時他的妻子卻含淚對他說：「一個星期，只要再努力一個星期看看，如果真不行的話……」

第二天，他又重新鼓起精神到某位校長家拜訪，這次終於成功了。後來他曾描述當時的情形說：「我在按鈴之際所以提不起勇氣的原因是，已經來過七、八次了，對方覺得很不耐煩，這次再打擾人家一定沒有好臉色看。哪知道對方那個時候已經準備投保了，可以說只差一張契約還沒簽而已。假如在那一刻我就這樣過門不入，我想那張契約也就簽不到了。

在簽了那份契約之後，又接二連三有不少契約接踵而來。在一個月內他的業績一躍成為富國人壽的佼佼者。

從一個人的希望可以看出他在增加還是減少自己的才能。知道一個人的理想，就能知道那個人的品格、那個人的全部生命，因為理想是足以支配一個人的全部生命的。

惡劣心理是子彈

在很多情況下，人們的痛苦與歡樂，並不是由客觀環境的優劣決定的，而是由自己的心態、情緒決定的，是一種選擇的結果。

有兩個人結伴穿越沙漠，走至半途，水喝完了，其中一人因中暑而不能行動。同伴把一枝槍遞給中暑者，再三吩咐：「槍裡有五顆子彈，我走後，每隔兩小時你就對空中鳴放一槍，槍聲會指引我前來與你會合。」說完，同伴滿懷信心找水去了。躺在沙漠中的中暑者卻滿腹狐疑：同伴能找到水嗎？能聽到槍聲嗎？會不會丟下自己這個「包袱」獨自離去？

日暮降臨的時候，槍裡只剩下一顆子彈，而同伴還沒有回來。中暑者確信同伴早已離去，自己只能等待死亡。想像中，沙漠裡禿鷹飛來，狠狠的啄瞎了他的眼睛、啄食他的身體……終於，中暑者徹底崩潰了，把最後一顆子彈送進了自己的太陽穴。槍聲響過不久，同伴提著滿壺清水，帶著駱駝商旅趕來，找到了中暑者仍舊溫熱的屍體……

故事引人陷入深思的是：那位中暑者不是被沙漠的惡劣氣候吞沒，而是被自己的惡劣心理毀滅。

真正能打敗你的往往只能是你自己。面對困境，悲觀的人因為往往只看到事情消極的一面，進而誇大了不利的條件，最終被自己的悲觀的想像所誤。而那些樂觀者，他能發揮自己豐富的想像力和多角度的思索力，極力從不幸中尋找、挖掘出積極因素來，就能轉「憂」為喜，開拓出一片新的天地，從「山窮水盡」轉入「柳暗花明」。善於從事情的另一面看問題，從不幸中挖掘出有幸。

卡內基說：「如果我們有著快樂的思想，我們就會快樂。如果我們有著淒慘的思想，我們就會淒慘，如果我們有害怕的思想，我們就會害怕。」

持久戰中看勝負

那些善於安排命運的強人，絕不沒完沒了的贏下去。

人們在談論自己運氣好壞的時候，幾乎都是從總體數量上來論「運氣」的。一般認為走運次數多的人就運氣好，走運次數少的人就運氣差，但，這是錯誤的。

應當說運氣的總量並不因人而異，機會是均等的。所不同的是自己對命運的安排，有人安排的好，有人安排的差。從這個意義上講，能夠很好的利用機遇的人便是善於安排命運的人。

有的人說：「這道理不對，還是有天生命好的人和天生命差的人。」其實這樣想問題的人恰恰就是不會安排命運的人。

要想順利開展工作，就必須合理的安排自己的運勢，這樣可以達到事半功倍的效果。有人說「我絕不賭博「，其實所有的人都是賭徒，包括說這話的人在內。要說跟誰賭，那就是跟命運之神一賭輸贏。

凡是出國進過賭場的人都知道，不給開賭場的老闆適當進貢，你就休想贏牌。

與此同理，面對命運之神也要經常進貢繳學費。這繳學費指的就是要時常準備失敗。甚至還會有努力付諸東流、徒勞無功的事發生。這就是給命運之神交的學費。

會安排命運的人，是在持久戰中看勝負；而不會安排命運的人卻只看眼前，安排命運的正誤恰在於此。

能掌握自己命運的人，總是在贏過之後故意敗北。只有那些不會安排命運的人，才在大贏一把之後，飄飄然起來，企圖贏了再贏，越贏越大。

由此看來，所謂「命大運強「的人，往往獲勝率並不高，他們在小處常有失敗記錄，總的獲勝次數也不那麼多。但是，要從正負角度來看，卻遠遠高過那些不會把握命運的人。

第四輯　懂得放棄

人生應懂得放棄

人生必須要學會放棄，因為答案不可預期；結果最後才能看得清，來來回回何必在意。

儘管人生奮鬥不止的目的是獲得，但有些東西卻是不能不學會放棄的，比如功名、利祿、……，學會放棄，在深秋時可以感受到夏天的熱情，春天的柔情，冬天的真情。但是，放棄並不是悲觀失望的退卻，而是「揚棄」。引言故事中跳下去的那個人，他放棄抓住的樹幹，因為他懂得放棄不一定死，但不放棄卻有可能死。

因此，懂得放棄、學會放棄，放棄那種不切實際的幻想和難以實現的目標，而不是放棄為之奮鬥的過程和努力；放棄那種毫無意義的拼爭和沒有價值的索取，而不是喪失奮鬥的動力和生命的活力；放棄那種金錢地位的搏殺和奢侈生活的創造，而不是失去對美好生活的嚮往和追求。

面對物欲橫流的社會，懂得放棄的人，是會用樂觀、豁達的心態去對待沒有得到的東西的，他們每天都有快樂和愉悅的心情伴隨左右。而不懂得放棄的人，只會焦頭爛額的亂衝，他們不僅最終未能達到目標，而且每天都陷於得失的苦惱之中。

也許放棄當時是痛苦的，甚至是無奈的選擇。但是，若干年後，當我們回首那段往事時，我們會為當時正確的選擇感到自豪，感到無愧於社會、無愧於人生。也許正是當年的放，才到達今天的光輝極頂和成功彼岸。

有一首老歌，歌詞最後幾句是這樣的：「原來人生必須要學會放棄，答案不可預期；原來結果最後才能看得清，來來回回何必在意。」是啊！人生在世，何懼放棄。

沒有捨棄就沒有獲取。捨棄是獲取的重要前提。大的捨棄才能帶來大的獲取。像農村老太婆一般守著破破爛爛罈罈罐罐過日子的人，一生難有建樹。

有的捨棄是階段性的，也叫做暫時放下；有的捨棄是永久性的，放下了就永遠無緣拾起。生命有限，生命所能集中的精力也有限，你只能全神貫注，去做你最渴慕做成、又最有希望做成的事情。

智慧多展現於對捨棄的選擇和把握、愚鈍則多展現於對捨棄的不願放棄。

事情總要有所了斷。水到渠成之時，該了斷就要乾淨俐落，不要拖泥帶水，不懂得放棄。

思維細膩和做事周全都是優點，但思維過細常失之於瑣碎，做事過全常失之於面面俱到。這種人，在了斷時常表現出優柔寡斷，婆婆媽媽，甚至貽誤時機，了而不斷。

了而不斷比不了斷還糟糕。了而不斷的事情多了，生命就如蠶蟲吐思，作繭自縛。了斷常常需要付出代價。必要的代價有利於人的清醒。因付出代價而學會的東西印象更深刻，也更有用。

看起來似乎山窮水盡了，忽然來一個柳暗花明，心裡驟然變得寬敞，欣喜之情不禁油然而生。

柳暗花明總是伴隨百般周折而來。

人生免不了一波三折，有些周折是自己引起來的，有些周折則是他人或環境製造的。人遇周折也就免不了心生黯然。大致而言，周折總不會給人帶來愉快。然而需要放棄時懂得放棄，便總有迎來柳暗花明日。

當然柳暗花明總是在爭取中到來。

最好是不遇周折，或者盡可能少遇周折，當然有時這是不切實際的。人生就那麼幾十年，周折來周折去，把光陰全都耽誤了。一旦遇上也就是那麼回事，平心靜氣，於山窮水盡中懂得放棄，才有可能得柳暗花明。

經過山窮水盡，又步入柳暗花明，生命才完整。

一根釘子輸掉一場戰爭

主動放棄局部利益而保全整體利益是最明智的選擇。

在歐洲，有一首流傳很廣的民諺：為了得到一根鐵釘，我們失去了一塊馬蹄鐵；為了得到一塊馬蹄鐵，我們失去了一匹駿馬；為了得到一匹駿馬，我們失去一名騎手；為了得到一名騎手，我們失卻了一場戰爭的勝利。

為了一根釘子而輸掉一場戰爭，這正是不懂得及早放棄的惡果。生活中，有時不好的境遇會不期而至，搞得我們猝不及防，這時我們更要學會放棄。放棄焦躁性急的心理，安然的等待生活的轉機，楊絳在《幹校六記》中所記述，就是面對人生際遇所保持的一種適度的跳高。讓自己對生活對人生有一種超然的關照，即使我們達不到這種境界，我們也要在學會放棄中，爭取活得灑脫一些。

比如大學畢業的那一刻，當同窗數載的朋友緊握雙手，互相輕聲說保重的時候，每個人都止不住淚流滿面……放棄一段友誼固然會於心不忍，但是每個人畢竟都有各自的旅程，我們又怎能長相廝守呢？固守著一位朋友，只會擋住我們人生旅程的視線，讓我們錯過一些更為美好的人生山水。學會放棄，我們就可能擁有更為廣闊的友情天空。

人之一生，需要我們放棄的東西很多，古人云，魚和熊掌不可兼得。如果不是我們應該擁有的，我們就要學會放棄。幾十年的人生旅途，會有山山水水，風風雨雨，有所得也必然有所失，只有我們學會了放棄，我們才擁有一份成熟，才會活的更加充實，坦然和輕鬆。

「單腿跪下射擊」的一幅畫

只有放棄事實上不存在的完美，才意味著真正的完美。

古語云：甘瓜苦蒂，皆不完美，事理皆然，所以懂得放棄完美是一種智慧。

在現實生活中，需要有一種放棄的智慧。當你與人發生矛盾或衝突時，只要不是什麼原則問題，你完全可以放棄爭強好勝的心理，甚至甘拜下風，就可能化干戈為玉帛，避免兩敗俱傷。

有一位國王，他缺手斷腳，但他愛民如子。他很想將他那副尊容畫下來，留給後代子孫瞻仰，就請來最好的畫家，那個畫家的確是第一流的，畫得很逼真，栩栩如生，很傳神，但是國王看了之後很難過，說：「我這麼一副殘缺相，怎麼傳得下去！」就把他給宰了。

於是又請來第二位畫家，第二位畫家因為有前車之鑒，不敢據實作畫，就把他畫得圓滿無缺，把缺的手補上去，把斷的腿補上去，國王看了之後更難過，說：「這不是我，你在諷刺我。」又把他給宰了。

後來又請來第三個畫家，而這個畫家生命卻得到保全，那麼第三個畫家是怎麼辦的呢？寫實派的給宰了，完美派的又給宰了，想了好久，急中生智，畫他單腿跪下閉住一隻眼瞄準射擊，把他的優點全部暴露，把他的缺點全部掩蓋，這就叫做「隱惡揚善」。懂得放棄事實上不存在的圓滿無缺。

其實，得與失對人來說，最高的境界，應該是無得無失。但是人們非常可憐，都是患得患失，未得患得，既得患失。我們的心，就像鐘擺一樣，得失、得失，就這麼樣擺，非常痛苦，最高的層次，應該是無得無失，因為失就是得，得就是失，塞翁失馬，你怎曉得是福還是禍呢？

每天淘汰自己

每天都要放下昨天你背上的包袱，輕裝上陣，你才能比追在你身後的獅子跑得更快。

曾在一本書上看到過一則小故事：在非洲大草原上生活著羚羊和獅子。一天清晨，羚羊從睡夢中醒來，牠想的第一件事就是，我必須比跑得比獅子還要快，否則，我就會被消滅。而獅子也同時在想：要想得到我今天的大餐，我必須比跑得最快的羚羊快，於是在廣袤無垠的大草原上，無時無刻不在上演著驚心動魄的生死搏殺，優勝劣汰的自然法則在這裡展現得淋漓盡致。

記著「每天淘汰自己」，這是處於一個競爭激烈的社會裡的現代人每天必須告誡自己的一句化。事實上，我們所處的生存空間正在被無限壓縮。一九七〇年代的時候，歐美一些未來學家曾經預言：「當人類跨入二十一世紀時，每週的工作時間將壓縮到三十六小時，人們將會有更多的時間提升自我，休閒娛樂」。但歷史的腳步真的邁入二十一世紀時，人們卻驚訝的發現，相當多的人每週工作時間在無限延伸，甚至超過了七十二小時，而有不少人卻被「剝奪」了工作權利，被市場無情的淘汰和拋棄了，而那些每週工作時間在不斷延伸的人們卻是越加發憤苦苦的「提升」自我。未來學家們的美好預言被殘酷的事實無情的擊個粉碎！

如果你不淘汰自己，可能就會被別人淘汰。三年前在某中外合資企業擔任網路通訊設備銷售經理的一位人才，三年來一直忙於日常事務，在「乾杯」聲中翻過了日曆。今天，他的下屬學歷比他高，能力比他強，經驗也在數年的商海中獲得了累積，羽翼日漸豐滿，銷售業績驚人，在公司最近的績效考評中名列第一，並迅速淘汰了他這位上司，留給他的是蹉跎時光的惋惜。

所以，在商場中的人們時刻要記住：每天都要放下昨天你背上的包袱，輕裝上陣，你才能比追在你身後的獅子跑得更快。

斷腿保命的放棄

逃避選擇不想放棄是不現實的，無論怎樣最後都是做出，哪怕不是想要的結果！

至今仍對一個故事印象深刻：一個人被一塊巨石壓在了荒野。為了求生，他把壓在石下的右腿砸斷，然後爬出來，獲救了。每想到這個故事，都對那個人有種深深的敬意，因為他在保留與放棄之間做出了如此艱難而又如此明智的選擇。

人生總要面對許多抉擇，放棄就是一種選擇，命運逼迫你不得不做出一定的放棄！也許放棄的結果不盡人意，但是有時候卻不得不做出選擇，然而最痛苦的有時候還不是結果，而是選擇的過程。再提一下一個討論爛了的話題，關於妻子和母親或妻子和孩子同時落水先救誰的問題，這就牽涉到了放棄和抉擇，因為無力同時救兩個只能選一個，哪個更重要，下意識會選哪一個呢？決定思索的本身是非常痛苦的，因為兩個都是至親至愛之人，放棄任何一個都會遺憾終身。可是上天要求你不得不這樣，有時時間的緊迫性還不容你多想，怎麼辦呢？只能放棄一個，即使遺憾、痛苦、無奈，也無能為力。這是人生中最殘酷的一種選擇，最痛苦的一種放棄。

這是親情！

但事情有時候是不能圓滿或天遂人願的，是不能兩全的，只能放棄！

放棄一旦做出，再後悔再難過痛苦都是無法挽回的，這就是它結局之殘忍所在。而過程雖然比不上結局要承受的痛苦時間長，但它關係到結果，有時是更難度過的！人生是由許多許多的選擇組成的，無數的人生門檻意味著無數的抉擇，有抉擇就有放棄，結果不外乎兩種，好的！壞的！逃避選擇不想放棄是不現實的，無論怎麼樣最後都要做出，哪怕不是想要的結果！

愛情、親情、工作、生活……其實抉擇不是可怕的，有時它是一種機遇一種挑戰，放棄是何結果要看你是如何去處理。明智的人能夠擅用放棄，能夠把壞的放棄看為動力、挑戰、坎坷，以此去創造更美好的人生。

放棄次要戰場

可以為一棵樹而放棄森林，這是一種豁達的放棄，一種「大珍惜」。當我們面臨選擇時，我們必須學會放棄。放棄，並不意味著失敗。

在滑鐵盧大戰中，大雨造成的泥濘道路使炮兵移動不便。拿破崙不甘放棄最拿手的炮兵，而如果推遲時間，對方增援部隊有可能先於自己的援軍趕到，那樣後果不堪設想。然而，在躊躇之間，幾個小時過去了，對方援軍趕到。結果，戰場形勢迅速扭轉，拿破崙遭到了慘痛的失敗。

拿破崙的失敗足以證明：在人生緊要處，在決定前途和命運的關鍵時刻，我們不能猶豫不決，徘徊徬徨，而必須明於決斷，敢於放棄。卓越的軍事家總是在最重要的主戰場上集中優勢兵力，全力以赴去爭取勝利，而甘願在不重要的戰場上做些讓步和犧牲，坦然接受次要戰場上的損失和恥辱。

同樣，在人生的戰場，我們必須善於放棄，而傾注自己的時間和精力於主戰場上，而不必計較次要戰場的得失與榮辱。在我們的學習生活中，學會放棄同樣重要。當你路過籃球場或足球場時，看到別人正盡興比賽，聽到那歡快的笑聲時，能不動心嗎？但這時，我們必須放棄一項：去燥熱的教室裡學習，或是在涼爽的綠茵球場上活動，斟酌損益，當放棄後者而取前者，因為我們的前途比短暫的歡樂更為重要。我們應當學會放棄，並且敢於放棄，不要為一點利益斤斤計較。

就算「魚」與「熊掌」同等重要，在必須只取一件時，必然要放棄一件。學會可以為一棵樹而放棄森林，這是一種豁達的放棄，一種「大珍惜」。其實，在生活中，我們必須學會放棄。未來是不可知的，面對眼前的一切，我們還來得及把握，我們還可以在無限中珍惜這些有限的事物！

人生，也就在這種放棄與珍惜之中得到昇華！

人生如股市

放棄其實是為了更好的得到，是在揚棄中進行新一輪的進取，絕不是三心二意。

眼看著人家的股票直往上走高，整個股市牛氣沖天，偏偏自己的幾檔股卻被套牢了。想當初買下時也是一路上漲，本打算到一個價位就出貨，看看氣勢那麼好，就又捂了幾天，誰想後來就開始跌。

只是猶豫了一下，就跌回了買價。想到原本是可以賺到手一筆的，此時出手實在不甘，於是再等等，就這樣套了下去，一路還不停的按股市專家的教導在低位補貨，直至資金全部用盡，直至被深深套牢。看著股市人氣旺盛，一片翻紅，也心儀其中幾檔，無奈資金被占用光了，若將手中的拋出去，總覺得虧損太多，心有不甘，最後只好「望洋興嘆」。

其實，如果放棄手中的，在別的股票上重新投資，以盈補虧，未必不是一個補救的辦法，何必要一直死守著呢？股市向來講行情，一輪一輪的，此起彼落，一個個概念股輪著炒，大勢已去時，及時回頭，該抽手時就抽手，也許早就賺回來了。

不只炒股，生活亦然。人生就像投資，婚姻、工作、投資專案等等。有一個大學時的高材生，經過一段社會歷練後，以前的那股銳氣和豪情壯志自然是沒有了，而是被磨練、被累的一副不堪重負的樣子。他怨自己當初進錯了行業，到了一個不具有自己優勢的陌生行業。

有人問他為什麼不換換呢？他說，做了這麼多年，付出了那麼多，放棄這些，再從零做起，覺得虧。「放棄了，以前不是白做了嗎？」眼裡滿是「何必當初」的絕望。所以堅守，十年前如此，五年前如此，如今更是不甘了。唯有死撐下去，絕不回頭，聽來多麼英雄氣長。

其實，放棄之所以難做到，是因為它看來就是承認失敗、就是認輸。在我們所受到的教育裡，強者是不認輸的。所以我們常常被一些高昂而英雄氣的光彩詞語所激勵，以不屈不撓、堅定不移的精神和意志堅持到底，永不言悔。

是的，人需要百折不回，要有堅強的意志和毅力向目標而奮鬥。但是，奮鬥的內涵不僅是英雄不言悔、不屈不撓的對原來的目標堅定不移、忠誠不二，人生的道路還常常需要修正目標、調校方位，在死胡同堅持走到底的並不是英雄，死不認輸只會毀掉自己。這種人連自己的心結都沒有勝過，怎麼可能成為強者，成為英雄？不過是沒有自信，畏懼失敗罷了。

放棄了才能再做新的，才有機會獲得成功。這樣的放棄其實是為了得到，是在揚棄中開始新一輪的進取，絕不是低層次的三心二意。拿得起，也要放得下；反過來，放得下，才能拿得起。荒漠中的行者知道什麼情況下必須扔掉過重的行囊，以減輕負擔、保存體力，努力走出困境而求生。該扔的就得扔，生存都不能保證的堅持是沒有意義的。

如果知道自己摸到的是一手臭牌，就不要再希望這一盤是贏家；在陷入泥淖時，要知道及時爬起來遠遠的離開那裡。

當一項投資的失敗成為不爭的事實，及時放棄，將損失控制在最小範圍，實際上是當時最好的「盈利」——雖然沒有絕對值上的盈利，但是，卻不會繼續加大損失。所以，聰明的炒股人會設定一個停損點，到了這個點，就停止繼續追加投資；所以，會有「割肉」、「斷臂」、甚至「斬腰」等等。所以，不僅要果斷買入，也要及時的賣出，要學會停損。講股市技術分析的老師在課堂上反覆強調這一點。

把錢投出去是投資，停止投資也是一種投資，是更高層次的投資。承認失敗，及時收手，可能再展開新一輪的投資。炒股如此，人生也如此。

路上花朵會繼續開放

只管走過去，不要逗留著去採了花朵來保存，因為一路上，花朵會繼續開放的。

——泰戈爾

知難而進者固然可嘉；然審時度勢，善於放棄更難能可貴！

哲人是萬人敬仰的大文豪。當初他曾選擇了學醫救國的道路。但當他認識到要拯救中華，只有先拯救國人那麻木的靈魂時，便毅然放棄了他的最初選擇，棄醫從文，拿起筆桿子和敵人作殊死鬥爭。試想，如果沒有他的放棄，無數的國民能戰勝愚昧，爭來今天的幸福生活嗎？可見，放棄可以使生命得到昇華。放棄也是一種大智。

鄧亞萍為了在體育生涯上再創輝煌，放棄了安逸的生活，克服種種困難，進行超強的訓練，彌補了自身先天的不足，在國際大賽中多次奪冠。她的有所放棄，不僅使她實現了自己的理想，也為我們樹立了榜樣。

苦苦的挽留夕陽，是傻人；久久的感傷春光，是蠢人。什麼也不放棄的人，往往會失去更珍貴的東西。捨不得家庭的溫馨，就會羈絆啟程的腳步；迷戀手中的鮮花，很可能就耽誤了美好的青春。

人生旅途上要學會珍惜，珍惜自己在學業、事業上取得的哪怕是極其微小的成績和榮譽，因為任何微小的成績和榮譽都來之不易，都曾為之付出過很可能是巨大的艱辛。

可是，人生路途上只學會珍惜是不夠的，還要學會放棄。這個「放棄」不是通常所說的「丟掉」，它的特定含義是，提醒自己不要過於迷戀已經取得的哪怕是相當顯著的成績和榮譽，不要因對已取得的成績和榮譽沾沾自喜而耽誤了向前趕路，去摘取更為輝煌的人生成果。

為採集眼前的花朵而花費太多的時間和精力是不值得的，道路正長，前面尚有更多的花朵，讓我們一路一路走下去……

曾經有這樣一個故事：古時候，一個少年背負著一個沙鍋前行，不小心繩子斷了，沙鍋也掉到地上碎了，可是少年卻頭也不回的繼續前行。路人喊住少年問：「你不知道你的沙鍋碎了嗎？」少年回答：「知道」。路人又問：「那為什麼不回頭看看？」少年說：「已經碎了，回頭何益？」說罷繼續趕路。

看完這個故事，不知道你有沒有一點感悟。這個少年是對的，既然沙鍋已經碎了，回頭看又有什麼用呢？

也許有時我們只看到了放棄時的痛苦，而忘記了那些如果我們不放棄就會得到的更大的痛苦。所以我們要學會放棄。

不騎劣馬

最優秀的人寧願要一件東西，而不要其他一切。

——希拉克利特

放棄是一種量力而行的睿智。大觀園內的王熙鳳，精明能幹遠勝過賈府中任何一男子，但她太爭強好勝，萬事勞心，終為所累，反誤了卿卿性命。

人為血肉之軀，精力有限，時間有限。在生活中應該學會取捨。取其要者而為之，不要者而舍之，不為瑣事勞心傷神。身體乃革命本錢，一旦身體遭損，皮之不存，毛將焉附！

放棄是一種顧全大局的果敢。放棄同樣需要勇氣和膽略。面對將要破產倒閉的厄運，有眼光的企業家會說：「留得青山在，不怕沒柴燒。

放棄是一種泰然處之的大度。汲汲於名利者永遠不會知道滿足。金山銀山，換不來會心一笑；機關算盡，只留得千年罵名。請記住希拉克利特的話，最優秀的人寧願只要一樣東西，而不要其他一切，即：寧取永恆的光輝而不要變滅的事物。

學會放棄吧。放棄並不完全代表著失敗和氣餒，務實的放棄是為了更少的失去。有時，選擇了放棄，也便選擇了成功和獲得。事實證明，孤注一擲自謀生路者大多走出了一條新路，騎牛找馬的最終卻很難找到馬，虛度了人生中的黃金時間。

某人所學專業不錯，家境也可以，在公司工作的十年間他幾乎沒有停止過「充電」，先自修英語、電腦；又拿了駕駛執照，誰也不能說他不曾努力過。然而一次次利用業餘時間匆匆參加徵才活動，一次次權衡利弊最終因為有一匹「劣馬」可騎便遲遲下不了決心，怕一失足摔得很狼狽。等公司面臨破產這才打算搏一下，但年齡已大競爭力已大打折扣。

古人云「不破不立」，學會放棄是擇業時必須經歷的痛苦決定，尤其對於有一匹破馬可騎的人。不冒一點被淹死的風險是永遠學不會游泳的。

放棄黃金海岸

學會放棄，才有新的抉擇。

學會放棄，才能自我解脫。

曾經有個著名的棋手在總結他的經驗時說過一段話：

二十幾年的象棋生涯中，我猛然醒悟：棋路就是生路，棋理就是哲理。

長期以來，我們大抵教人執著追求，堅持到底，少有人勸人學會放棄，及時轉軌。於是，有人「一條胡同走到黑」，有人「撞了南牆不回頭」。這難道不是一種絕對化與片面性嗎？

如果事實證明，自己所選的目標有誤，自己所走的道路有錯，就應該放棄。即使自己奮鬥了曠久的時日，也應該放棄。這時的放棄，叫做迷途知返，而後才會柳暗花明。能夠做出這種放棄的人，該有怎樣的勇氣，膽量與魄力啊！

不是所有的放棄都表示怯懦。

不是所有的放棄都表示退縮。

有一種放棄展現果斷。

有一種放棄展現睿智。

凡是做經濟率先騰飛的地方，那必定放棄過許多不合時宜的條條、框框、模式、觀念，那裡必有許多超一流的「棋手」。

在人生的漫漫長途上，我們應該審時度勢，當機立斷，放棄那些無法實現的空想，以免徒勞無益；放棄那些不能勝任的職務，以免心力交瘁；放棄那些不會到來的等待，以免空耗光陰……

總之，要學會放棄。

很多人有過這樣的親身體驗，放棄了一個美麗的夢幻，獲得了腳下的一片實地……西部某市，一家連鎖集團備受矚目。由一間商場擴展至今，資產翻了幾番，不過短短數年，憑藉什麼？其負責人答曰：四個字，懂得放棄。

懂得放棄的人知道，適時的放棄，只是為著更多的獲得。退一步海闊天空，沒有當日的退卻便沒有今日的成功。深諳進退之道的美國沃爾瑪集團亦創造了同樣的商界神話：當商人們熱衷於在各大都市開設超市時，沃爾瑪集團卻放棄了人人趨之若鶩的都市市場，獨樹一幟的提出了「以農村包圍都市」的策略思想，透過在農村市場的迅速擴張，完成了資本累積。而當沃爾瑪超市出現在繁華都市時，鄉村鑄就的良好口碑已將「沃爾瑪」三字打造成了金字招牌，從而為其贏得了更為廣闊的市場空間。

學會放棄的人，是不會拿自己的劣勢去跟別人優勢競爭的。相反，避開鋒芒，最大限度的發揮自身的優勢，才是制勝之道。

小小的放棄，換來的卻是更大的發展，何樂而不為呢？

不在心上刻「皺紋」

苦苦的去做根本就辦不到的事情，會帶來混亂和煩惱。

——狄更斯

常聽說作為一個人要拿得起，放得下。而在付諸行動時，拿得起「容易」，「放得下」難。所謂「放得下」是指心理狀態，就是遇到「泰山崩於前而色不改」時能把心理上的恐懼卸掉，使之輕鬆自如。

年過八旬的吳階平教授在談及精神養生時介紹的一條主要經驗就是「不把悲傷的事放在心上。」他認為，「人生不如意十之八九」，總要想得開，以理智克服情感。著名學者季羨林老教授的養生經驗是奉行「三不主義」，其中一條就是「不計較」。這都展現了「放得下」的心理素養。

在現實生活中，「放不下」的事情實在太多了。

有些朋友就是這也放不下，那也放不下，想這想那，愁這愁那，心事不斷，愁腸百結。長此以往勢必產生心理疲勞，乃至發展為心理障礙。英國科學家貝佛里指出：「疲勞過度的人是在追逐死亡。」

事實也是如此，有的人之所以感到生活得很累，無精打采，未老先衰，就因為習慣於將一些事情吊在心裡放不下來，結果在心裡刻上一條又一條「皺紋」，把「心」折騰得勞而又老。

在通常情況下，「放得下」主要展現在以下幾個方面：

財能否放得下。李白在〈將進酒〉詩中寫道：「天生我材必有用，千金散盡還復來。」如能在這方面放得下，那可稱是非常瀟灑的「放」。

情能否放得下。人世間最說不清道不明的就是一個情字。凡是陷入感情糾葛的人，往往會理智失控，剪不斷，理還亂。若能在情方面放得下，可稱是最為理智的「放」。

憂愁能否放得下。現實生活中令人憂愁的事實在太多了，就像宋朝女詞人李清照所說的：「才下眉頭，卻上心頭。」憂愁可說是妨害健康的「常見病，多發病」。泰戈爾說：「世界上的事情最好是一笑置之，不必用眼淚去沖洗。」如果能對憂愁放得下，那可稱是幸福的「放」，因為沒有憂愁的確是一種幸福。

最後想引用一句古人的話：「寵辱不驚，看庭前花開花落去留無意，望天上雲捲雲舒。」讓我們一起來學會「放得下」，以此來增強我們的心理彈性，共用「放得下」

的福份。

折價三百銀有零

如果抓住想要的東西不放，甚至貪得無厭，就會帶來無盡的壓力，甚至毀滅。古代陸機《猛虎行》有云：「渴不飲盜泉水，熱不息惡木蔭。」講的就是在誘惑面前的一種放棄、一種清醒。

以虎門硝煙聞名中外的清朝封疆大吏林則徐，便深諳放棄的道理。他以「無欲則剛」為座右銘，歷官四十年，在權力、金錢、美色面前做到了潔身自好。他教育兩個兒子「切勿仰仗乃父的勢力，」實則也是本人處世的準則；他說：「田地家產折價三百銀有零」、「況目下均無現銀可分」，其廉潔之狀可見一斑；他終其一生，從來沒有沾染擁姬納妾之俗，在高官重臣之中恐怕也是少見的。

人生是複雜的，有時又很簡單，甚至簡單到只有取得和放棄。應該取得的完全可以理直氣壯，不該取得的則當毅然放棄。取得往往容易心地坦然；而放棄則需要巨大的勇氣。若想駕馭好生命之舟，每個人都面臨著一個永恆的課題，學會放棄！

托爾斯泰寫過一短篇故事：有個農夫，每天早出晚歸的耕種一小片貧瘠的土地，但收成很少；一位天使可憐農夫的境遇，就對農夫說，只要他能不斷往前跑，他跑過的所有地方，不管多大，那些土地就全部屬於他。

於是，農夫興奮的往前跑，一直跑、一直不停的跑！跑累了，想停下來休息，然而，一想到家裡的妻子、兒女，都需要更大的土地來耕作，來賺錢啊！所以，他又拼命的再往前跑！真的累了，農夫上氣不接下氣，實在跑不動了！可是，農夫又想到將來年紀大，可能乏人照顧、需要錢，就再打起精神，不顧氣喘不已的身子，再奮力往前跑！最後，他體力不支，「咚」的倒在地上，死了！

的確，人活在世上，必須努力奮鬥；但是，當我們為了自己、為了子女、為了有更好的生活而必須不斷的「往前跑」、不斷的「拼命賺錢」時，也必須清楚知道有時該是「往回跑的時候了」！

飛出「金絲籠」

放棄是一種境界，大棄大得，小棄小得，不棄不得。

有很多時候我們羨慕在天空中自由自在飛翔的鳥，人，其實也該像這鳥一樣的，歡呼於枝頭，跳躍於林間，與清風嬉戲，與明月相伴，飲山泉，覓草蟲，無拘無束，無羈無絆。這，才是鳥應有的生活，才是人類應有的生活。

但是，這世上終還有一些鳥，因為忍受不了飢餓、乾渴、孤獨乃至於「愛情」的誘惑，從而成為籠中鳥，永永遠遠的失去了自由，成為人類的玩物。與人類相比，鳥兒面對誘惑要簡單得多。而人類，卻要面對來自紅塵之中的種種誘惑。於是，人們往往在這些誘惑中迷失了自己，從而跌進了欲望的深淵，把自己裝入了一個個打造精緻的所謂「功名利祿」的金絲籠裡。

這，是鳥的悲哀，也是人類的悲哀。

然而更為悲哀的是，鳥兒被囚禁於籠中，被人玩弄於股掌之上，仍歡呼雀躍，放聲高歌，甚至於呢喃學語，博人歡心；而人類置身於功名利祿的包圍中，仍自鳴得意，唯我獨尊。這，應該說是一種更深層次的悲哀。

緊閉的窗戶前有一隻蜜蜂，牠不斷的振起翅翼向前衝去，撞上玻璃跌落下來，又振翅飛起撞過去……如是反覆不斷，直至力竭而死。人亦如此，較之物類更是固執。人總喜歡給自己加上負荷，輕易不肯放下，自謂為「執著」。

執著於名與利，執著於一份痛苦的愛，執著於幻美的夢，執著於空想的追求。數年光華逝去，才嗟歎人生的無為與空虛。我們總是固執得感性，由「我想做什麼」到「我一定要做什麼」，理想與追求反而成為一種負擔，一種拖累。

適當的放棄何嘗不是一種美德。或許有另一扇窗戶開著，蜜蜂掉頭就能出去。外面是自由的天，自由的地，自由的空氣，自由的心。

選擇一把椅子

捨得捨得，有捨才有得。去除那些對你是負擔的東西，停止做那些你已覺得無味的事情。只有放棄才能專注，才能全力以赴。

在師範學院畢業之際，痴迷音樂並有相當音樂素養的盧卡諾．帕華洛帝問父親：「我是當教師呢，還是做歌唱家？」其父回答說：「如果你想同時坐在兩把椅子上，你可能會從椅子中間掉下去。生活要求你只能選一把椅子坐上去。」帕瓦羅蒂選了一把椅子——做個歌唱家。經過七年的努力，帕瓦羅蒂才首次登台亮相。

人難得有自知之明，即使是一些偉人，往往也因為捨不得放棄而犯錯。巴爾札克在初期創作失敗後棄筆從商，去當出版家。這個外行的出版家受盡欺騙，很快失敗。緊接著，他又當一家印刷廠的老闆，無論怎樣拼命掙扎終是失敗，從此欠下了不少債，債務越滾越大。警察局下通緝令拘禁他，債權人也攪得他沒有一刻安寧，他只好隱姓埋名躲了起來。

此時他終於醒悟，多年來自己游移不定，根本沒有集中精力從事文學創作。於是他夜以繼日的認真寫作，成為驚人的高產量作家。然而直到逝世前，他尚欠二十一萬法郎的巨額債務，這是一位天才的悲哀。

有所選擇就必須有所捨棄，捨棄許多椅子，而只能選擇其中的一把。人在面臨選擇的時候是脆弱的，但目標只能確定一個，這樣才會凝聚起人生的全部合力，將其攻下。確定了目標選定了路，不管路有多崎嶇，同行者怎樣寥寥，你都要忍受孤獨和寂寞將它走完。尤其在誘人的岔路口，你必須不改初衷，有心無旁騖的堅定信念和超然氣度。

人的自我定位如此，企業的自我定位也是如此。諾基亞放棄了包括當時市場很好的電視在內的許多產品，唯獨選擇了當時市場不怎麼看好的無線通訊產品。當年，諾基亞成功了。

有目的的放棄已擁有的，並且平靜的等待失去，是成功必備的心態之一。如果你清楚的知道，自己身上的惡習會阻礙自己擁有成功，你會不會放棄？如果你知道，與別人鬥嘴而生氣，是你在幫對方在一起氣你，你會不會放棄生氣的心情？如果你知道，你愛的人移情別戀，你是放棄她還是放棄自己去擁有重新的選擇？在你做錯事的時候，有些東西影響你的時候，在你心情不好的時候，在你失敗的時候，記得放棄法則。

你必須問自己：「為了要達到目標，我必須放棄哪些事情？為了使我更成功，必須停止哪些事情？」當你能夠以這樣的思考模式來轉換你的思想，來改善你的行動方案時，你就會變成一個非常積極、非常有行動力的人。當你每天做成功者每天做的事情，捨棄失敗者常做的事情，你也一定會成功。

放棄地獄就見天堂

隨著年齡的成長，閱歷的充實，人應該隨時調整自己，該得的，不要錯過；該失的，瀟灑脫的放棄。

從前，一個忍者對地獄、天堂感到很好奇，於是他去拜訪當時一位很有名的禪師。他虔誠的向這位禪師請教，禪師卻嗤之以鼻：你這個俗陋不堪的武夫，怎麼配來問我這個問題?忍者十分震怒，繼而動了殺機，就要拔劍出鞘。不料禪師快如閃電，指著他說：「看!這就是地獄。忍者是個有慧根的人，一怔之下，就悟出了禪師的用心——人的憤怒、煩惱、怨憎、沮喪、憂鬱就是地獄!忍者收起劍，露出了平和的微笑。你看!這就是天堂。禪師又說。

天堂還是地獄，原來就在一念之間，放棄地獄就見天堂。

人生中，得與失，常常發生在閃念的一瞬間。到底要得什麼?到底會失去什麼?見仁見智。

前些時間，無意之中看到對一位名演員的生平報導，其中一段講到他的幼兒患了急性闌尾炎，躺在醫院的病床上，奄奄一息。作為演員，這位母親無法放下當晚的演出，為了對得起幾百位觀眾，她不得不含著眼淚，離開了病中的兒子。讀到此，再也讀不下去了。

真不懂，假如當時出事的不是她的兒子，而是她，難道這台戲就沒有應急的候補演員嗎?作為母親，在兒子最需要的時候，能守而未守在身邊，難道後半生會活得心安?再者，作為「大公無私」的典範，無私的時候，無的是個人的什麼?公的裡面，有無個人的「名利」?

不當布利丹毛驢

選擇沒有十全十美的，要學會面對必要的喪失。

所以，人們應該明白：該失去的要灑脫的放棄，該得到的，千萬不要錯過。

一位平日工作繁忙的父親，來紐約見客人，那幾天，也正趕上女兒學校放假。他已安排整個週五晚到週日，陪女兒遊玩紐約。其間，他紐約最重要的客人，邀請他週五晚到美國富人集聚的紐約長島魷魚灣賞夜景。他思索了一下，還是婉言拒絕。「因為我已經跟女兒有言在先，所以絕不能讓她失望。」這個故事，是他的女兒長大後講出來的，她說：生命中，最最尊敬的人，是她的父親，因為父親在她最需要他的時候，沒有失言。

在一個公司裡，二十幾位主管坐在會議室等著其中一位老闆出現，原來這位老闆在與太太講電話。另一位大老闆對他氣急敗壞的喊：「你給我把電話放下，即使對方是美國總統，你也要放下。」但是，他沒有放下，還是心平氣和的安慰著太太，表面來說，那個講電話的老闆，自私無比，但是，局外人怎曉得局內發生的真相呢？也可能最後的幾句話關係到他們之間的「生與死」呢？

十四世紀法國經院哲學家布利丹曾經講過一個哲學故事：一頭毛驢站在兩堆數量、品質和牠的距離完全相等的乾草之間。牠雖然享有充分的選擇理由，但由於兩堆乾草價值絕對相等，客觀上無法分辨優劣，也就無法分清究竟選擇哪一堆好，於是牠始終站在原地不能舉步，結果只好活活餓死。

布利丹毛驢的困惑和悲劇也常折磨著人類，特別是一些缺乏社會閱歷的初涉人世者。很多人都是因為面臨多種選擇卻又難於選擇而心煩意亂。一位畢業不久的大專生，分配在一家好公司，他覺得自己的文憑太低，想去考研究所，又怕讀完研究生之後再也找不到這樣的好工作；一位二十八歲的女孩，戀愛已經五年，她想結婚可是男友至今還沒有住房，她想分手卻又捨不得這份經受了時間考驗的感情；有同事給二十四歲的他介紹了一位女朋友，經過接觸，他發現了她的聰明和善良，可心裡又總覺得她長相不好看，所以進退兩難；已經服役三年的他，既想早點踏入社會，去接受另一種鍛鍊，又想留下來複習功課準備報考軍校（報考軍校就必須超期服役一年）……

心理學家把這種由兩個或兩個以上不能同時實現的目標所帶來的心理矛盾稱為「意志行動中的衝突」，簡稱「衝突」。

一般說來，衝突可分為四種類型：雙趨衝突——兩個或多個目標對我們有吸引力，可是我們只能選擇其中一個時所產生的衝突，比如又想退伍又想考軍校；雙避衝突——兩個或多個目標都是我們想迴避的，但我們不可能全部迴避時所產生的衝突，比如二十八歲了還不結婚和在沒有住房的情況下結果都非她所願；趨避衝突——同一個人或同一件事物對於我們既有吸引力又有排斥力時所產生的衝突，比如喜歡她的聰明和善良但不喜歡她的「不好看」；多重趨避衝突——實際生活中，我們往往面對這樣的情況：兩個或多個目標中的每一個目標都對我們既有吸引力又有排斥力，此時引起的衝突就叫多重趨避衝突。

無論何種衝突，其實質都是要在幾種方案中作出唯一的選擇。在選擇之前，我們的大腦一直會對方案進行反覆的比較鑒定，這種高負荷的工作總是伴隨著緊張、焦慮、煩躁、不安等負性情緒，特別是當我們面臨人生的重大抉擇時，這樣的情緒會更強烈、更深刻、更持久。每個人都無法長期忍受這種狀態，因此總是希望盡早作出選擇。一旦作出了選擇，這種煩躁不安的情緒也就隨之結束。

聽過這樣一個說法：「把一對夫婦安置到人跡罕至的大森林裡去生活，想必他們不會有離婚的念頭，因為別無選擇，他們將致力於鞏固彼此的關係。」

事實上，無論在人生的哪一個領域，別無選擇都會是最好的選擇——它能使我們集中個人無限的精力，去走好自己的路。

不能流出眼淚

能夠放棄是一種跨越，當你能夠放棄一切，做到簡單從容活著的時候，你生命的低谷就過去了。

生命和死亡一直是一個很沉重的話題，下面也是一個很沉重的故事：

我是一名醫生，從醫也有十年八年了，但真正讓我感到生命的脆弱是在去年，我也體會到了頑強的毅力更為重要，那時我唯一的侄兒在出世時就注射的預防天花的疫苗沒有起效，在幾十萬分之一的機率裡被感染了，他被送進我所在的醫院，那時，他才出生十幾天，很小很小的嬰孩，那是炎熱的夏季，我的同事說：「主要的還是靠他自己的免疫能力，他的渾身上下一直到嘴唇和舌頭裡都長滿了水泡，不能吃飯，不能說話，還不能哭，淚水會軟化臉部的水泡，如水泡破了，感染到病菌了，就容易感染白血病；還不能發燒，如果燒到四十度就傷到腦神經了。

我們很耐心的跟他說這些道理，出世才幾百個日子的他竟然能夠懂，他不哭，他的淚水滿了眼眶就自己用手帕拭去，他還要忍著痛吃飯，增強體質，那整整三個月，我們就每時每刻守著他，因為水皰很癢，怕他不小心自己用手抓破了，那時，白血病像一個魔鬼似的纏繞在我們的心頭，令我們恐懼，對生命，我們充滿了悲憤，上蒼竟然將如此劇痛降臨在一個嬰兒身上，這真是不公平，而我們作為醫生竟然無能為力。

那些個日子裡，全家所有的人都幾近崩潰，我們都哭，可他連哭的權利都沒有，他就那麼用他小小柔弱的身體承受著，終於走了過來。

多麼感人而沉重的故事。活著，是一種責任，對每一個愛我們的人來說，活著就是對他們最根本最完整的報答，生命不是我們自己的，沒有權利選擇生的我們也沒有權利選擇死，那裡不僅僅是因為道德良知，最重要的就是要有愛、愛自己、愛別人，這才是生命的意義。

無論是生是死，你都不能把它們加到那些愛你關心你的人身上，因為愛畢竟沒有錯，活著，在你最不堪的時候，你只要做到僅僅是活著就夠了，死亡只是一種誘惑，它不是牽引，什麼都可以放棄，唯有生命不能輕易放棄。

生命是那麼的脆弱，戰爭、疾病、車禍、事故、傷害，每天都有那麼多嚮往陽光和空氣的人在無辜的接受死亡，那是一種不得以，而我們能夠平安的生活在自己的家園裡，享受著家人帶來的溫暖，我們還有什麼理由放棄生命呢？

在去看看那麼多貧困的地方，那些難民，以及很多山區連溫飽都解決不了的人們，他們不屈不撓的和死亡鬥爭著。還有我們身邊的很多人，那些在烈日下出賣廉價勞動力的車夫們，拖兒帶女，生命都是一樣的，沒有貴賤之分，他們不是苟且偷生，他們是認真的對待生命，相比之下，我們卻是那麼的怯懦和貪婪，漠視生命的尊嚴。

生命原本是簡單的，很多東西我們要學會放棄，包括死亡。

清理「可能有用」

生活不是單純的取與捨，不要斤斤計較失去的，有時得到的比失去的更可貴。

每個生存在職場裡的人，到了歲末年初，總要將自己的辦公桌徹底清理一次——扔掉那些毫無保存意義的信件、材料，再將其他的重新進行歸類整理，使之井井有條、耳目一新，給自己創造一個相對寬鬆、舒適的環境和一份好心情。

人們總習慣以「可能有用」為藉口而無形中保留了一件件、一堆堆「廢品」和「垃圾」，直到有一天狠狠心將它扔掉，生活中也不覺得缺少什麼時，才明白它是多餘的東西，意識到自己所犯的「錯」。

隨著年齡的成長、閱歷的豐富、知識的累積與沉澱，人們對生活注入了新的思考與認知，同時也對傳統思想、觀念進行了深刻的審視、反省與詮釋，對一切諸如習慣、觀念、想法、經驗、愛好等無形的東西也在不斷的進行篩選和更新，一些過時的或給生活造成不必要的麻煩和不便的，我們要有勇氣隨時丟棄它，即便要為此付出很多時間、精力，甚至要忍受煎熬和痛苦。

這樣一來，我們才有機會和足夠的時間、精力、空間，學習和接納一些科學的、新鮮的事物。丟棄某些東西不易，要守護某些東西也並不輕鬆。

道義、氣節、操守、信念、志向、尊嚴，它不僅僅是個人的事，它直接關係著一個民族、一個國家的聲望、前途和命運，我們完全沒有理由和藉口來迴避和拒絕。

近代、當代一些人們耳熟能詳的愛國仁人志士的可歌可泣、感人肺腑的英雄事蹟，啟迪、鞭策、激勵、鼓舞著一代又一代有識之士為了國家、民族的事業、前途、命運，置個人安危生死於度外，出生入死，即使拋頭顱灑熱血也在所不辭，用個人的青春、幸福、鮮血、生命換取民族的覺醒、希望和革命事業的成功，鑄起一個國家、一個民族的精神之魂，建樹起國家和民族的神聖尊嚴和繁榮富強，他們為實現各自的人生理想、人生追求和人生價值付出慘痛或血的代價，他們的英名與事蹟也隨之傳遍神州、流芳百世。

同時，在人欲膨脹、物欲橫流的時代，面對市場經濟和社會變革的激盪衝擊而滋生出的種種物質的、精神的刺激、誘惑和陷阱，人們內心仍無法割捨對功名利祿的追逐，經受著種種的挑戰和考驗，人們的思想觀念、價值觀念、倫理道德也相對的發生了一系列的嬗變與革新。

到底還要不要堅守志向、信念、道德、操守、正義和良知的精神陣地，捍衛和呵護人類共同的精神家園的問題，困擾和拷問著每一個現代人。

儘管，內在的欲望膨脹與外來的物質蠱惑的外呼內應，使一些人信仰的天平發生了嚴重的失衡，精神發生了可怕的癌變，最終走上犯罪的道路。但是，我們依然要提倡堅守。不管世界如何變化，我們都要像旗手保衛戰旗、戰士捍衛陣地；在喧囂和浮躁中堅守我們做人的準則，呵護好我們充滿正義與良知的心靈。

誠然，現實生活有時不是一種單純的取與捨，它們有時在你死我活的較量中相隨相伴而相得益彰，不要斤斤計較失去的，有時我們得到的比失去的更可貴和美好。

第五輯　選擇有意義的生命價值

獨特的和最重要的都是你

世界上最重要的是「愛」，沒有愛，活著還有什麼意思？

一著名教授到一學校做題為《生命的價值》的講座，慕名而來的學生擠滿了階梯教室。教授手裡舉著一張一百元百值的鈔票說：「我打算把這一百元送給在座的一位同學，誰想要？」同學們紛紛舉起了手。教授把鈔票揉成一團後，問：「誰還要？」依然有人舉起手。接著，教授把鈔票扔到地上，又踏了幾腳，然後才拾起鈔票，問：「還有人要麼？」仍然有人舉起了自己的手。

「同學們，我這樣做並不是要損害幣值，而是要給你們上一堂有意義的課。無論我如何對待這張鈔票，你們還是想要它，因為它並沒有貶值。它依然是一張價值一百元的鈔票。人生的路上，我們會碰到無數的挫折、磨難、欺凌甚至踐踏。在那樣的時刻，我們常常覺得自己一文不值。但是無論發生過什麼，或將要發生什麼，我們永遠不要喪失自身的價值。不論潔淨或骯髒，衣衫襤褸或衣著整齊，樣貌出眾或普通，我們都不會貶值。生命的價值不倚賴我們的處境，也不取決於我們結交的人物，而是取決於我們自身，取決我們對自身的愛，只有更好的愛自己才能更好愛他人。所以只要我們有信心，還能讓這皺巴巴、髒兮兮的一百元增值！永遠不要自我貶值，永遠記住這一點——每個人都是獨特的！教授非常激動的說。

作家托爾斯泰也講過一個很有名的故事。

有位國王想勵精圖治，他覺得如果有三件事能夠解決，則國家立刻可以富強。第一，如何預知最重要的時間：第二，如何確知最重要的人物；第三，如何辨明最緊要的任務。於是群臣獻策說，把時間支配得正確，最好是列表；國家最重要的任務是培養教師或科學家；而當務之急是弘揚科學與嚴明法律。

然而，國王對這些答案卻並不滿意，他去問一個隱士，隱士正在墾地，國王問這三個問題，懇求隱士的忠告，但隱士並沒有回答他。

這個隱士挖土累了，國王就幫他的忙，天快黑時，遠處忽然跑來一個受傷的人，於是國王與隱士把這個受傷的人先救下來，裹好了傷，抬到隱士家裡，翌日醒來時，這位傷者看了看國王說：「我是你的敵人，我昨天知道你來訪問隱士，我準備在你回程時截擊，可是被你的衛士發現了，他們追捕我，我受了傷逃過來，卻正遇到你。感謝你的救助，我不再是你的敵人了，我要做你的朋友。」

國王再去隱士，還是懇求他解答那三個問題，隱士說：「我已經回答你了」國王說：

「你回答了我什麼？」隱士說：「你如不憐憫我的勞累，因幫我挖地而耽擱了時間，你昨天回程時，就被他殺死了。你如不憐恤他的創傷並且為他包紮，他不會這樣容易的臣服你。所以你所問的最重要的時間『現在』，只有現在才可以把握。你所說的最重要人物是你『左右的人』，因為你立刻可以影響他。而世界上最重要的是『愛』，沒有愛，活著還有什麼意思？」

把壺中的水倒入吸水器

只有把生死置之度外，我們才能品嘗到甘美豐足的泉水

每個生命者有一串故事。在不同的生命季節，生命創作出不同的故事。生命的故事有時波瀾壯闊，有時靜如止水，有時險象叢生，有時歌舞昇平，有時無所適從，有時意氣風發，有時痛不欲生，有時樂不可言。

平凡的生命其故事多平淡無奇，這不能說是平凡的過錯。畢竟他們的生存受到時空限制，他們的不被注目決定了他們影響力的微小。

傑出的生命其故事多富於傳奇，這不能說是他們的幸運。畢竟這幸運是由一系列身

心磨難鑄造的。環境造就傑出的最簡易的途徑，就是把他們投放到苦痛的煉獄去煎熬。

傑出的生命一般都蒙上濃重的悲劇色彩，因此，他們生前一般不甚稱意。一俟生命結束，其生命的故事便迅即傳播開來，直至有口皆碑。

有個人，在沙漠中迷失了方向，飢渴難忍，瀕臨死亡。可他仍然拖著沉重的腳步，一步一步的向前走，終於找到了一間廢棄的小屋。在屋前，他發現了一個吸水器，於是用力抽水，卻一滴水也抽不出來。這時，他發現旁邊有一個壺，裡面有小半桶水，壺上還貼著一張紙條，上面寫著：請把壺中的水倒入吸水器。這個人面臨著艱難的選擇：如果把壺裡的水喝掉，雖然能暫時保住性命，但終歸不能真正滿足自己的需要；如果把壺裡的水倒入吸水器，萬一吸水器還是抽不出水，豈不是白白浪費了這半壺救命水？

終於，他做了堅定的選擇，把那半壺水倒進了吸水器中，結果吸水器中湧出了泉水。他痛痛快快的喝了個夠，還把自己隨身攜帶的水壺裝滿了。臨走的時候，他把小屋裡的水壺裝上水，並在紙條上加了句話：「請相信我，紙條上的話是真的。」

其實人生面臨艱難抉擇的時候有很多，像引言故事中的兩個人那樣的遭遇和境況，選擇跳下去的那個青年學者是對的，因為他想著要將考察到的驚人成果告知社會。這樣才是最有意義的生命價值展現。

就像這則故事中的那個人一樣，只有把生死置之度外，我們才能品堂到甘美豐足的泉水。

點燈瞎子和餵別人湯的人

自私自利的人都是被上天瞧不起的人。

——哲人

有一句歇後語是這樣說的：瞎子點燈——白費蠟。小時候一直以為這個歇後語很巧妙：瞎子什麼也看不見，當然也看不見燈發出的亮光，他卻要點燈，那不是白費蠟嗎？長大了之後聽過一個瞎子點燈的故事，這才改變了以前的看法。

一個瞎子在漆黑的夜晚提著一盞燈籠行路，別人都笑話他，說：「你又看不見，點上燈做什麼呢？這不是傻了嗎？」瞎子淡然一笑說：「我不是給自己看的。」是呵，瞎子要想不讓別人撞上他，最好的辦法確實莫過於自己點上一盞燈了。

點燈的瞎子其實是善良而智慧的人，他們懂得先去付出。照亮別人的同時，也照亮了自己。還有一個類似的故事：有一天，上帝對神父說：「來，我帶你去看地獄。」他們進入一個房間，許多人圍著一隻正在煮湯的大鍋坐著，他們又餓又失望，每一個人都有一把湯匙，但是湯匙的柄太長，所以湯沒辦法送到口裡。

「來，現在我帶你去看看天堂。」上帝又帶神父進入另一個房間，這個房間也有一大群人圍著一隻正在煮湯的鍋子坐著。所不同的是這裡的人看起快樂來飽足，而他的湯匙和剛才那一群人的一樣長。

神父奇怪的問上帝：「為什麼同樣的情景，這個房間的人快樂，那個房間的人卻愁眉不展呢？」

上帝微笑著說：「難道你沒有看到，這個房間的人都學會了餵對方嗎？」

因此做一個能夠幫助他人的人，需要的是把別人當成自己的朋友；而做一個自私自利的人，只需要把別人當成自己的敵人就夠了。

「不合時宜」的小丑就是英雄

不管生存者是小丑還是英雄，人就是價值。

相信沒有人不知道那句流傳了幾千年的名句「燕雀安鴻鵠之志」？而這句話自打經那個「豎子成名」的劉邦皇帝一曲「大風起兮」的驗證之後，更是吹得人不知東南西北，各個爭相踴躍「振翅終日「追著鴻鵠的影子壯心不已。

什麼叫「燕雀」？什麼叫「鴻鵠」？說穿了，小丑與英雄而已。

世界上所有的人都生存在這個兩難之中。就個體的生命而言，自我的有限、自我的渺小，除了做一名「燕雀」一樣的小丑又能怎樣呢？可是如果一個人將自己有限的智慧和力量透過努力與某一個群體、某一種事業聯繫在一起的時候，他完全有可能就是一隻「扶搖千萬里」的鴻鵠，比如拿破崙、諾貝爾、愛因斯坦；再比如托爾斯泰、曹雪芹，古今中外莫過如此。

可遺憾的是，事情並不是人們所想像的那麼簡單；今天安於「燕雀」就當小丑，明天想當「鴻鵠」就立馬變成英雄。人生在世，最難的是身為「燕雀」而又常懷「鴻鵠」之志。人世間真正又有幾個人能做到有時自己只是沉浮於現實冷酷的小場面，有時又如力拔山河氣蓋世的英雄，有時更如揮鞭斷流的一世豪傑？

怎樣才能解決這個兩難的兩全？

生存者挑著「自我」這副零碎繁瑣又奇重無比的擔子，從欲火焚身的春天走到北風凜冽的冬天，一天又一天，一年又一年，一邊羨慕追求著鴻鵠扶搖直上九萬里的風姿，一邊又燕雀般的躲在安逸的屋簷下，啁啾著風雨雷電、飄雪冰霜世界的冷酷。

有宿命論者說，也許生命本來註定只能是活在大地上的那些花草、蝦米、小魚之類的，只不過由於命運的關係，有的人一輩子都只能活在井裡，只好做井底之蛙；有的人恰巧長在高山上，便成了高山上的雄鷹。這些話聽起來讓人氣短神傷，可又不好駁斥。

然而，編者認為，他們都沒有說到點子上，因為生為人者，是小丑還是英雄，其關鍵在於一個人是否將自我的價值最大化。即超越價值。

有一個很形象，寓意很深的寓言，說的是人們為了讓拉磨的驢永遠保持「活力」，永遠不停下自己的腳步，於是便在給驢套上了拉磨的轡繩的同時也在驢的眼前掛上一串胡蘿蔔。於是，本來以懶散聞名的驢，在胡蘿蔔的誘惑下，便永遠拉著磨打轉。可那串胡蘿蔔從始到終到驢再也拉不動磨的時候，依然還在驢的前面晃來晃去……

悲哀呀，人類對於價值的認可，在許多時候甚至還不如那頭為了永遠吃不到的那串胡蘿蔔而拉磨的驢。

現實生活中有許多很簡單的例子可說明這個問題。如在之初，市場開放的政策使錢在人們的生活中顯得無以復加的重要的時候，從席捲神州大地的全民經商潮中演化出來

「有錢就能一切」，如在封建社會裡，因為中了舉人而發瘋的范進。因而，所謂超越價值及個人價值的最大化，即是人們怎樣逃避遠離「社會價值」特別是「社會偽價值」對個人價值的奴役。

作為一個人，不要擁擠在眾人都爭相頂禮膜拜的「價值」小道上，在追求價值的時候，先問問自己這樣的價值於已、於人、於社會、於世界是一種怎樣的價值。千萬不可因希望求得他人的賞識違心的犧牲自我的願望，更不可因期待得到別人賜予的某一項價值，而忘記了自己對自己對這個世界所負的責任。我們之所以不厭其煩的提倡一個人的價值應當超越於「從眾盲目的價值」之上，那是因為一個要活得有價值，要使自己能活得像小丑卻擁有英雄一樣的價值，這個人就應當「不合時宜」。

一個稱得上很成功的人曾說過一段話：「真正的生存價值應當是一個人在問心無愧的前提下，在近似於與世隔絕的環境中，甚至於沒有一絲一毫的鼓勵和同情的情況下，忍耐、平靜、痛苦的忍受一切不公正的遭遇，而他所從事的工作卻是造福於人類，卻是為使人類生存得更加公正、更加幸福的偉大事業。」

其實，我們可以從人類歷史無數的英雄身上，看到這段話的應驗，岳飛、林則徐、布魯諾、聖女貞德。

然而，生活中，還有另外一種人，他的生活始終被人認為是小丑似的，甚至是不可思議的，而他的靈魂卻是英雄的，並最終為歷史證明是英雄。這樣的人在生活中並不多，甚至於在一整個人類歷史中也是屈指可數的。

如以磨鏡子為生的哲學家斯賓諾莎，他所從事的工作可謂是卑微之極，簡直就是小丑。可是從他的大腦中流淌出來的思想，沒有任何一個與他同時代的人可以比擬。

再比如說，近代歷史上著名人辜鴻銘，頭梳小辮子，身穿黃袍馬褂，卻精通十幾個國家的語言，在哲學、文學、歷史等數十個學科都有自己的獨到見解。其人、其言、其行，名揚海外，萬人傾慕，可是，要是不認識他的人，一眼看到他，誰會承認他是一個大學問家？

當然，隨著人類文明的進步，人類的價值觀念已經產生了很大的變化，也許重提那些「不合時宜」的價值超越對於今天的人來說，可能真的有些不捨時宜了。但價值對於凡人來說，它應當是一直激勵著自身前進，一直伴隨著我們的生活的一種精神動力，它存在於我們自身的某一個地方，我們卻常常意識不到，但卻在不斷的發揮著作用的一種信仰，一種力量。換言這，也就是說，價值應當是在你的生存中，最能夠讓你感動得淚流滿面的那樣一種東西。當這種東西變成了你的追求、理想之後，他便是你與眾不同的價值，這種價值使你成為英雄，儘管你可能終你的一生，你都只能像小丑一樣生存。

人是這個世界上唯一終生都在追求價值的生命，悲哀的是這世上卻永遠也沒有終極的人生價值，因為如果人類一旦對「價值」產生了「完美」、「圓滿」的感覺，人類的生存就將不再具有積極的含義。

因而，人終其這一生都只有活在肉體的小丑與精神的英雄兩極之間。但就人生存在「小丑與英雄」之間的種困境來說，不管生存者是小丑還是英雄，人就是價值。

燃亮應燃亮的光

說該說的真理，走應走的道路，燃亮應燃點的光。

——德雷莎修女

著名的國際網路駭客米尼克，在網路世界通行無阻，幾乎沒有任何一種網路防護措施，可以阻擋他的入侵。

像米尼克這樣頭腦絕頂聰明，膽量如此之大的人，在全世界也是少有的。可是，卻從來沒有人因為他的冒險精神而受惠，相反的，許多人因為他淘氣的行為，而屢屢受到威脅，甚至必須付出更高的代價，換取安全性的防護。

後來，米尼克也因為他的「冒險」行為，而經常進出監獄，甚至被法院判定終身不得靠近電腦。

而曾經是港台著名的駭客小子鄭宗明，現在就「改邪歸正了」，擔任升陽公司的技術顧問，利用當年玩駭客的知識，為公司的系統修補錯誤，相對於米尼克這個網路頑童，鄭宗明目前的網路探險，對於社會更有正面的貢獻。

普獲諾貝爾和平獎肯定的德蕾莎修女，在天主教界卻是個「異教徒」。

德蕾莎修女和她仁愛會的修女們，穿著大部分天主教修婦女不曾穿和奇裝異服——印度婦女的紗羅，一種纏身的布，終日穿梭在印度恆河邊，以拯救印度貧民，是的，這是當地「異教徒」中身分，地位最低劣的一群人，本來不是修女們「必須」服務的對象。

更不要說當修女們發現這些人時，他們大多身體腐爛，全身發出惡臭，並且距離死期不遠。而仁愛會的修女和義工們，往往不顧這一切，充滿愛心的抱起這些人，回到仁愛會進行照顧和治療。

且當我們在形容那些貧民可怕的模樣時，在德蕾莎修女眼中，這些人彷彿是耶穌可敬的化身，他們是為世人接受這樣卑賤的苦難。可是，上述這些違逆了德蕾莎修女所屬天主教教團的許多舉措，要衝破這些眼光和想法的限制，多麼的不容易。而這些卻是她數十年來每天的生活。

這樣的行為實在非常偉大，同樣，這樣的故事卻讓人可以感受到其無比偉大的溫柔能量。因為冒險不只是去做自己不敢做，或是別人不敢做的事情。冒險是有目的，為了造福人群、實現夢想……什麼都好，就是別為了投機、好奇或是無所謂的好玩心理。再說，冒險成為害人不淺的人，或是遺臭萬年，有什麼意義或樂趣可言嗎？

因此，我們該更謹慎的將天賦的冒險精神，運用在開創人生，或對大多數人有貢獻的事情上。否則，不過是個任性亂為，製造麻煩的孩童罷了。

你可以改變的東西

其實，一個人的偉大必須首先是靈魂的偉大，其次才是才華的出眾和成就的非凡

火車馬上就要啟動了，乘客們早已在各自的座位上安置停當，這時，一個年輕人急急忙忙的踏上車門。就在他踏上車門瞬間，車門關上了，他的一隻腳被門夾了一下，鞋

子掉下去了。火車開動了，這個人毫不猶豫的脫下另一隻腳上的鞋子，朝第一隻鞋子掉下去的方向扔了下去。火車上的乘客對他的舉動感到不解，於是有個人就問他為什麼要這樣做，他說：「如果一個窮人正好從鐵路旁經過，他就可以撿到一雙鞋了，這或許對他很有用。」

這個人就是在印度被尊稱為「聖雄」的甘地。為了幫助合印度人民擺脫英國的殖民統治，他放棄個人優裕的生活條件，領導了著名的「非暴力不合作運動」。為此，他數次被英國殖民者投入監獄，最後被暗殺死去。話題回到現在：一位老太太請油漆匠到家裡粉刷牆壁，油漆匠看到她雙目失明的丈夫時，不禁生了憐憫之心。但就在工作的幾天裡，油漆匠發現老太太的丈夫開朗樂觀，兩人談得很投機。這天，油漆匠完成了工作，他把帳單遞給老太太。老太太看過之後，疑惑的問：「怎麼少算了這麼多呢？」油漆匠回答說：「少算的部分是我對你丈夫表示的一點謝意。他對人生的樂觀態度使我不再覺得這份工作很辛苦，並意識到自己的境況不是那麼糟糕。」聽到這番話，老太太的眼睛溼潤了，因為這位慷慨的油漆匠自己只有一隻手。

實際生活中有很多事情是我們無法改變的，比如天賦和資質，比如可能的遭遇。我們可以改變的只有我們對人生、對命運的態度。換一種態度，人生的境界也許會豁然開通。

「一小步」的價值

千萬不要覺得小小的、個人式的冒險微不足道，不足以撼動許多人概深蒂固的信念，其實，一個人冒險的一小步，可能就是人類的一大步。

如果這個世界上的人，可以分成兩類的話，那麼一類可以稱為保守派，另一類便是冒險激進派。

世界的規律運作，依靠著大多數保守規律的人，可是，要有所進步，便少不了冒險激進的思想和行動。

就像有人形容孔子，若是歷史上沒有這個人出現，帶來許多新的想法，那麼，東方的思想界，可能還籠罩在萬古長夜之中。由此可見冒險者在歷史上的重要性。

可是，就像孔子當時周遊列國得不到重用一樣，許多開創人類歷史新價值的人，他們在其所處的時代，不但未曾受到應有的禮遇與尊重，反而還要在重重的阻礙中，堅持自己的想法。

法國哲學家盧梭曾經在西元一七六一年寫作《愛彌兒》一書。這本書以小說的方式，述說盧梭對於幼兒教育的完美想像，這對現代的讀者來說，是一部具有理想性的文學作品。

但是，這本在現在看來很理所當然的書在當時卻震驚了整個歐洲社會。因為當時的西方社會對宗教信仰非常虔誠，可是，盧梭在《愛彌兒》一書當中卻主張：沒有宗教信仰的人也能夠靠理性得到幸福——「這一小步」。

這種論點觸及當時的統治者，法國議會判定《愛彌兒》是異教邪說，除了焚毀書籍，還發出拘捕令要捉拿盧梭，迫使他倉皇逃出法國。

這本書在當時雖然不被接受，但是對後世的影響卻很深，啟發了教育的改革。如果盧梭礙於當時的權威思想，而沒有冒險寫出他真正的想法，我們便無法體會理性主義是如何幫助我們提升自信心，並相信自己可以為自己創造幸福，而不是只能仰賴宗教信仰。

「無知」才能創造「無所不知」

一心向著自己目標前進的人人世界都會給他讓路

——卡內基

人首先必須生存。生存的欲望和活著的欲望是壓倒一切的原始欲望。這種子選手欲望透過兩種存在的方式表現出來，其一，是肉體的客觀存在；其二，是精神的主觀存在。由於生存是有限的，而存在特別是肉體欲望的存生和精神權力享受諸等「快樂」的存生卻是屬於無限的。所以我們的生存，從來就不是一個固定狀態。

但是，人這個生命的個體並不因此而改變自己的實在本質。人生存之為生存，正在於這實質的具體性、歷史性和個性，前輩們曾將這種實存形容成「慎獨」、「致良知」、「無心」、「無為」等。

生存究竟是什麼？

對於現代人來說，生存這個概念太複雜了，他們跳舞、吃速食、玩高空彈跳，就是不願意騰出些許時間來打量生存的模樣，擺一擺生存的位置，看一看生存的狀況，選一選生存的方向。

就說瀟灑吧，是生存語言中最吸引人的字眼，可它卻常常被別有用心的人用來做了淺薄、媚俗的裝飾。事實上，生存者很少能夠把握自己的生存，這也是在任何社會、任何時代，有傑出成就，有不朽名聲，有龐大財富的人總是極少數的寥寥幾人的原因，對生存的失望和焦慮使我們中大部分人實際上從生下來的那天開始就註定得默默無聞的過一輩子。

是命？是遺傳因素？是智慧？還是其他的什麼？也許這些都是原因，也許這些又都不是原因。

因為生存本身就是一個未知數，別人對你的評價只能是大概，自己對自己的估計又只能是也許。而這些大概和也許，充其量不過只是一些用來提示某一種生存事實的話語而已。

世界上所有的生存個體都是動態的自然的組成部分。人生的具體經歷與大自然中的其他萬物，共生共容在一個共同的自然體系中，作為一個人千萬別輕視「自我」的渺小和瑣碎。喪失了這個渺小，我們將變得一無所有。近幾年，在社會上廣為流傳著那樣一個寓言似的蝴蝶效應，所謂大西洋北岸的一隻蝴蝶搧一下翅膀，也許就影響並決定了亞洲大陸上某一個地區的颱風形成。從這個道理上來看，每一個生存的個體只要是生存著的，就是必不可少的，就是必定會對這個世界產生影響的。

可以說生存從來不容你多想，也不容你多回味，生存就這麼一條忽之間，一下子把你從牙牙學語的幼兒提升成大人，變化成老人……

而人們之所以蔑視生存正因為如此。

卡內基講過一句鼓舞人的話，「一心向著自己目標前進的人整個世界都會給他讓路」。從這句話中，我們可以領悟到這樣一個哲理，即：對於自己的生存來說，僅僅維持他的存生是遠遠不夠的，活著，便得拿出行動來，做一些自己想做的事，失敗了也是一個生存的事實。

我們的眼睛看不到視野以外的東西，於是我們創造了望遠鏡；我們的腳跑不到每小時一百公里的速度，於是我們創造了汽車、火車；我們的手夠不著幾米以外的地方，我們創造了電話、電視、電腦……生命的意義正在於這些創造中，假如每一個生存者從一誕生開始就是無所不知無所不能的，這個地球恐怕早就停止了轉動，被全能的生存者粉碎了。

說實在的，「生命是蘆葦」也好，「生命不能承受之輕」也好，「生命是一棵蔥」也好，在世界面前，生存者的每一個弱點都因哲學而明晰，生存者的每一個優點都因科學而輝煌。就如引言故事跳下去的青年學者，若他得以生還，幫他所展現出來的生命之火就可印證這句話。

生存者為使自己更好的「生存」，使科學得以進步和發展，反過來生存無所不在的壯麗。

在理想主義者的眼中，生存是一場永遠做不完的夢；在現實主義者的眼裡，生命卻是享受不完的欲望。而生為凡人，該怎樣來面對生存呢？許多人認定生存就是在白天辛苦賺錢，晚上做夢。

許多人讀完了無數的書，想白了少年的頭後，自命不凡的說，生存本身實在代表不了什麼；說它是一種現象？說它是一個名詞？說它是一個過程？說它是一條河？什麼時候人們研究清楚了生存的本來面目時。人也就不存在了。

雖說對於所有的生存個體來說，生存是短暫的有限的，同時又是渺小的，可偏偏生存者的內心深處又深埋著「不朽」的無限意志，但這也就是所謂的生命的最深刻的最本質的意義。

「偷生」製造的偉大

冒險不只能夠讓蛋糕增加它的價值和知名度，還能夠讓失望的人重燃起對愛與信任的希望。

歷史上，當司馬遷正積極的搜集資料，準備撰寫第一部通史性的著作時，正巧他的好朋友李陵帶兵攻打西域，居然兵敗歸降。消息傳來，不但震驚朝野，皇上甚至準備降罪，處罰李陵的家人。

但，身為李陵好友的司馬遷，怎麼也不相信李陵會真的做出投降的事情，他覺得必定有其他原因，可能是詐降也說不定。於是，他上書力保李陵。

其實，司馬遷想的一點都沒錯，可是，他這樣有義氣的作為，卻無法在朝廷中得以共鳴，反而被處以宮刑，並且被關入監牢裡。

如果是一般人，無緣無故因為伏義執言遭到這樣的對待大概只求一死吧！可是為了完成寫作歷史書使命，一如他為好友付義執言的精神，他決定忍辱偷生活下去。

今天，當我們看到史記中鏗鏘有力的人物評斷，多少都可以揣想，若不是像司馬遷這樣一個勇氣，願意跟命運和正義搏鬥的人，是寫不出這麼偉大的史書的。

就是因為司馬遷堅持為正義搏鬥的勇氣，讓他的史筆在歷史上享有崇高的地位。並且，讓後人在閱讀史記時都不忘為真正的正義冒險。

司馬遷所立下的史家節操對後代的歷史撰述，及人倫教化具有非常深遠的意義。畢竟，直到現在，我們仍然還是比較相信，肯為正義冒險的人所說的歷史！

永遠蕩氣迴腸的《命運交響曲》

瘋狂的哲學家尼采曾經發下如此狂語：「要想體認一切存在之最大價值和最高享受的祕訣就是——活在危險當中。」

瘋狂的哲學家尼采曾經發下如此狂語：「要想體認一切存在之最大價值和最高享受的祕訣就是——活在危險當中。」將你們的都市建築在維蘇威火山的山坡上，將你的船駛入浩瀚的海域！與你的對手抗衡，甚至處於自我交戰的狀態中！若是不能成為統治者或主人，不妨做一個掠奪者或征服者。當你裹足不前，像膽小的小鹿般躲藏在森林中時，時光將彈指而過。

在時光如梭的人生中，當人們總是選擇安全的道路行走時，那種真真切切的存在感就會消失。

因為沒有冒險去挑戰生命可能會消失，或是有可能會失敗的危險性，生命的堅韌力便無法顯現出來，而存在的價值也會變得模糊無法分辨。

當貝多芬的《命運交響曲》的樂章奏起時，是不是讓你心靈深處的生命力也跟著澎湃起來？

貝多芬的一生，總是不斷在挑戰自己的生存意義，因為在他的人生當中，幾乎沒有一刻是順遂的。

甚至對一位音樂家來說最重要的聽覺，在他二十七歲時也開始漸漸衰退，他大部分樂曲，幾乎是在這之後寫成的，包括令人蕩氣迴腸的《命運交響曲》。

貝多芬在耳聾後曾經寫過這樣一段話：「耳鳴夜以繼日的無休無止，我的生活真的不幸極了。對於我的工作，這病症太可怕了。」又寫到：「身旁的人聽到遠處飄來的笛聲和牧人的歌唱，我卻一點也聽不到，我失望極了，幾次想要了此殘生，但對藝術的嚮往之情阻止著我。」

如果貝多芬被命運打倒了，那我們就永遠不會知道貝多芬這個人，也無緣聽到他偉大的音樂，更不知道一個人的生命力可以如此驚人，即使失去聽覺，活在沒有幸福的日子裡，仍然能夠創作出帶給人幸福的美妙樂章。

即使是對生命平順的人來說，不斷的向生命中真實的、困難的、不容易達成的事情冒險，都是體認真實生命，找到存在於內心那種澎湃感覺的最好辦法。

筆桿變長劍的英雄本色

托爾斯泰在他的小說中這樣寫道：「她在她的人生當中，完成了最燦爛、最偉大的事業。也就是說，她毫無悔意，毫無恐懼的死去。」

托爾斯泰曾在他的小說中這樣寫道：「她在她的人生當中，完成了最燦爛、最偉大的事業。也就是說，她毫無悔意，毫無恐懼的死去。」

在這短短的一句話中，充分表達了人與夢想之間最完美的關係。

可是，在這個大多強調理性的時代，夢想反而變得遙不可用，因為所有的夢想在理性節選之後，都變得沒有實際的「價值」，屬於銀行不可能提供創業貸款的想法。

這就無怪乎西班牙名著中唐吉訶德的騎士精神，能夠在每個時代都始終不墜。因為在閱讀的人嘲笑唐吉訶德的愚蠢之際，這本名著也跨越各個時代，反諷那些嘲笑他的卑賤怯懦，失去理想的人。

就是因為夢想只是夢想，所以，才更需要冒險的勇氣作為後盾。不然，人生如此短暫，經一躊躇思索，便要錯過了時機，無從實現夢想了。

對於東漢的班超來說，的確是「實現夢想的機會只在那一瞬間」的最佳印證。現身書香門第的班超，卻從小立下保國衛民，躍馬提槍的志向。他還經常向當朝大將軍竇固請教兵法和武藝，並且得到竇將軍的傾囊相授。

當匈奴不斷叩邊關，進犯中原這際，偏又傳來前方大將失利的消息。於是，竇固急著招兵買馬。班超一聽到消息，便自告奮勇參加，可是，竇固要求他要得到家人的同意。

當時這對班家來說，真是從來沒有想過的事，況且在長於寫文章的班家人想像中，上戰場恐怕是非常危險的事情吧！

可是，班超堅定的信念，感動了他的手足們，並且當他在母親面前武劍時，充分展現出平時練習的成果，這才讓母親放心，准許他上戰場。

果然「投筆從戎」的班超屢戰皆捷，並且與西域五十多個國家達成和好的協議。為志向而放棄優越的環境，去做疆場殺敵的行為，歷來被人稱頌。

賭出來的徹悟

即使沒有顯赫的權力，足夠的財富，我們的人生一樣可以精彩。

聽過這樣一個故事，一個富商和一個書生打賭。條件是：這位書生單獨在一間封閉的小房子裡讀書，富商每天派人透過高高的窗戶給他送兩次飯。如果書生能夠堅持十年，他將贏得這次打賭的賭注——這位富商的全部家產。

於是，這位書生開始了一個人在小房子裡的讀書生涯。開始的時候，他覺得日子過得著實愜意：念念「之乎者也」，背背「窗前明月光」，讀讀《桃花源記》，到了時間就有人送飯進來。累了還可以伸伸懶腰，默想一番「顏如玉」和「黃金屋」，甚至可以在木板床上小憩片刻。

但是這種與世隔絕的日子過了沒多久，書生開始受不了。他聽不到大自然的天籟之聲，見不到朋友，也沒有敵人，他的朋友和敵人就是他自己，沒有人和他交流思想，也沒有人傾聽他說話。書中固然有豐富多彩的生活，但自己卻被隔絕在這種生活之外，無法去經歷和體驗人生的歡樂和悲傷。

書生終於徹悟：十年，自己的生命力早已枯萎，即便大富大貴又能怎麼？於是，他自動放棄了這一切。可見，人的生命及其價值的展現是不能脫離社會生活這個範疇的，否則就是空談。

每人都無法在一個完全封閉的空間裡生活。健康的人生態度，應該是敞開心扉，去感受和體會生活中甜蜜和苦澀的點點滴滴。即使沒有顯赫的權力、足夠的財富，我們的人生一樣可以精彩。反之，如果只有權力和財富，我們的人生必然蒼白無色。

歌德呼喊的「自由」

猜疑的想法、不安的躊躇、猶豫的腳步、可憐的投訴，絕不是拯救悲慘之道，絕不能讓你恢復自由之身。抵抗暴力、堅強的挺立、不齒屈服、奮戰到底，你才能開始呼喊，要諸神出了神聖救援之手。

——歌德

每個人都有趨吉避凶的本能，對於危險的，令人害怕的、恐懼的事物，想盡辦法逃避遠遠的都還不及，可是，還是有些人會冒險的反其道而行，偏偏要往危險的地方去。

為什麼呢？

締造法國第五共和，並擔任過法國總統的戴高樂，就是個堅強的冒險硬漢。一九四〇年夏天，德國侵入法國，法國貝當總統很快投降，可是戴高樂選擇逃到倫敦，他說：「法國只是打了一次敗仗，而不是打敗了整個戰爭。」

在第二次世界大戰期間，戴高樂在國外領導自由法國運動，不屈服、不投降、抵抗德國到底，終於獲得勝利，恢復了法國的光榮與國際地位。此後大約三十年的時間，他一直是法國人的精神領袖。

秦朝的宰相李斯並非秦國人，他曾經因為同為外籍在秦朝為官的同事闖禍，而即將遭到驅逐的命運。而且不只李斯，秦王對於所有的外籍人士一律改取不信任態度，禁止他們再入秦國。

已經步入坦途的李斯，當然不能眼睜睜的看著自己的努力白費，於是，他冒險呈上「諫逐客書」。

李斯在文中懇切提到，秦國過去因為善用六國人才，而能夠漸漸居於霸主的地位。若是因為一件小小的意外，而失去對外籍人士的信任，那恐怕只會使過去的努力毀於一旦。

出乎意料，李斯這篇文章居然奏效，而讓他能夠繼續安穩的在秦國奠定他的政治地位。

試著想想，要讓自己自由，的確是要冒一些未知的危險，這也未必那麼困難，可是，得到的結果卻很好，那麼，何不試著冒個險，給自己勇氣「跳下去」，給自己一個嶄新的未來呢？

五美元改變兩個人

一個願意幫助別人的人，總有一天他會得到回報的

有一位逸臣律師的故事：逸臣在美國的律師事務所剛開業時，連一台影印機都不買不起。移民潮一浪接一浪湧進美國的豐田沃土時，他接了許多移民的案子，常常三更半夜被喚到移民局的拘留所領人，還不時的在黑白兩道間周旋。他開一輛掉了漆的二手車，在小鎮間奔波，兢兢業業的做律師。終於媳婦熬成了婆，電話線換成了四條，擴大了辦公室，又雇傭了專職祕書、辦案人員，氣派的開起了「賓士」，處處受到禮遇。

事事難測，一念之差，他的資產投資股票幾乎虧盡，更不幸的是，歲末年初，移民

法又被再次修改，職業移民名額削減，頓時門庭冷落。他想不到從輝煌到倒閉幾乎是在一夜之間。

這時，他收到了一封信，是一家公司總裁寫的，願意將公司百分之四十的股權轉讓給他，並聘他為公司和其他兩家分公司的終身法人代理。他不敢相信自己的眼睛。

他找上門去，總裁是個只有四十歲開外的荷蘭裔中年人。「還記得我嗎？」總裁問。他搖搖頭，總裁微微一笑，從碩大的辦公桌的抽屜裡拿出一張皺巴巴的五元匯票，上面夾的名片，印著逸臣律師的位址、電話。他實在想不起還有這一樁事情。

「十年前，在移民局……」總裁開口了，「我在排隊辦工卡，排到我時移民局已經快關門了。當時，我不知道工卡的申請費用漲了五元，移民局不收個人支票，我又沒有多餘的現金，如果我那天拿不到工卡，雇主就會另雇他人了。這時，是你從身後遞了五元上來，我要你留下地址，好把錢還給你，你就給了我這張名片。」

逸臣也漸漸回憶起來了，但是仍半信半疑的問：「後來呢？」

「後來我就在這家公司工作，很快我就發明了兩個專利。我到公司上班後的第一天就想把這張匯票寄出，但是一直沒有。我單槍匹馬來到美國闖天下，經歷了許多冷落和磨難。這五元改變了我對人生的態度，所以，我不能隨隨便便就寄出這張匯票……」

「不能隨便寄匯票」這就是當別人遭難時，你自然的伸手援助的報答。

鬆開你緊握的手

選擇得到的同時會失去，卻在失去的同時也得到別樣的永遠

有一個故事說，在一個暴風雨的夜裡，你開車經過一個車站。車站上有三人在等巴士，其中一個是病得快死的老婦人，一個是曾經救過你命的醫生，還有一個是你長久以來的夢中情人。如果你只能帶上其中一個乘客走，你會選擇哪一個？

許多人都只選了其中唯一一個選項，而最好的答案是，「把車鑰匙給醫生，讓醫生帶老人去醫院，然後我和我的夢中情人一起等巴士」。

人們由於貪婪，從來就沒有放棄過白來的好處。就像那車鑰匙，有時候，如果我們可以放棄一些固執、限制甚至是利益，我們反而可以得到更多。

什麼才是最難捨棄的，是一種道義，還是一段感情？

為什麼不能拋開和犧牲一些東西，而去獲得另一些永恆？

《臥虎藏龍》裡李慕白對師妹說的一句話：「把手握緊，什麼都沒有，但把手張開就

可以擁有一切。」以退為進的道理誰都知道，可身體力行，還是困難的。

不管你的選擇是什麼，你註定會失去一些東西，也註定會在失去的同時獲得一些東西。其實有時會得到什麼、失去什麼，我們心裡都很清楚，只是覺得每樣東西都有它的好處所在，勢均力敵，哪樣都捨不得放手。

其實是沒有在同一情形下勢均力敵的東西。它們總會有差別和輕重。你得選擇那個對長遠來說更重要的東西。有些東西，你以為這次放棄了，就再也不會出現了，可當你真的錯過了，會發現它在日後仍然不斷出現；而有些東西，你以為暫時放過它，它還會一再的出現，就像當初它來到你身邊時那樣，可真的一旦錯過，就是日後無法回頭的遺憾。

如果要是我們放棄和想得到的都是好東西，那怎麼辦？那是因為我們太貪心。真的是這樣，我們本質裡都是貪心的，貪心常常蒙蔽真心。我們往往只能在某一時刻選擇一樣東西。

我們無法預知未來是什麼樣子。但是應該堅持自己的原則和底線。可以根據它們來作人生裡的任何一次取捨，對自己既不委屈，也不縱容。而且很多的世事與感情是經不起一再的錯過與等待的，必須在適當的時候作出一個選擇，而不是等到無可奈何花落去的時候，再來體會那種悲涼。選擇留給對方一個不再回頭的背影，不代表自己不想折返身去永遠纏綿的擁抱；選擇退出一個和對方廝守到老的結局，不代表心裡不想和對方一起實現這個夢想。

就好像選擇對方，是因為愛你。不選擇對方，也一定還是因為愛你。

這就是所謂選擇得到的同時會失去，卻在失去的同時也得到別樣的永遠。

不可預知的「活」才自由

活著意味著什麼？唯有每一個活著的生命才有權利，用其思想行動的存在實在性和不可替代性來回答

選擇的選擇，當一個人被莫名其妙的推到這個世界面前時，活著就成了他不可推卸的責任和義務。

生存的人，所要戰勝的並不是別人，更不是外界的艱難困苦，在這個世界上活著的人除了白痴外，幾乎每一個人從第一聲啼哭聲開始就開始了自己和自己鬥爭的日子。一天又一天人人都無法避免自己由簡入繁，由表及裡，由容易而進入更困難、更深刻、

更痛苦、更高層次、更複雜、更憂煩的生存鬥爭中。當一個人活著時，真正的敵人從來不是現實的冷酷、生活的貧困，而是自己的欲望、自己的困惑、自己的幻想、自己的懦弱……

但是，芸芸眾生，卻少有人認真分析「活著」這個字眼的。百分之九十的人都認定，大家怎麼活我就怎麼活，領薪資、看電視、偶爾鬧一點情緒或想辦法賺一點小錢。久而久之，人們便成了一群一個模式中複製出來的複製人。他們的精神世界由電視宣傳、由風俗習慣、由人云亦云來支持，他們活著的只是軀殼，一副裝滿欲望和不滿足的皮囊。當然，也不能因此而忽略了「俗世凡人」的生活意義與生活內容。儘管大部分俗世中的人無法從人群中脫穎而出，但他們仍然透過自己的努力、自己的生活交往使自己的生存五彩繽紛起來。

因而，對於凡人來說，活著首先是一種期待。不信，你可以隨便去叫一個走在街上的人來問，他們的回答一定是同樣的：期待明天會更好。或期待成功的一天到來，或期待有一個美麗溫柔的女孩子愛上自己或期待擺脫眼前的困境，或期待發財，或期待上大學，或期待分一間房子。

在許多時候，每到子夜，遙望萬籟俱寂的世界，都有無數不甘沉淪的靈魂在星輝的照耀下躁動著。這個時候，有人整夜未眠，還在大睜著眼睛；有人頭枕著愛人的臂彎入眠；有人在星輿下，款款漫步；有人淚水比縱橫、惡夢連連；有人平靜入睡無憂無慮……

有宗教家說：活著的一切也就是生時的諸相，種種都是虛幻的。那麼人們不僅要問死去的一切諸相呢？人們活著從來不是靠理論的教誨和宗教的說詞。活著是生命的事實，也是生命的必然。活著意味著什麼？唯有每一個活著的生命才有權利用其思想行動的存在實在性的不可替代性來回答。

每每在街頭巷尾看算命先生煞有介事的把一個個素未謀面的人的性格、際遇，說得清清楚楚服服帖帖，總會聯想起活著的乏味。關於算命先生的技巧及可靠程度，及心裡暗示等姑且不說，可一個人連今天、昨天、明天的一切都被人所算定，這樣的活著，要說有多沒勁就多沒勁。

所以人還是活得無知些為好，就這麼努力的去活，把自己交給不可知的未來，這種活法活起來要比被算定者肯定要自由得多，幸福快樂得多。

「我還要回來」

「橫看成嶺側成峰，遠近高低各不同。」同一個事物，因為你選擇的角度不同，便會產生不同的意義。

有許多事情，乍看之下上去好像是對我們有著莫大的好處，讓我們心嚮往之，不擁有便不甘心。但當我們壓下那種占有的欲望，換個角度，甚至是從反面想一想，看一看，也許你會得出截然相反的結論。很多表面上看上去像是引人生氣或悲傷的事件，如果換一個角度和觀點去看，常常會發現一些正面的積極意義。

美國知名主持人林克萊特一天訪問一名小朋友，問他說：「你長大後想要當什麼呀？」

小朋友天真的回答：「嗯……我要當飛機的駕駛員！」

林克萊特接著問：「如果有一天，你的飛機飛到太平洋上空所有引擎都熄火了你會怎麼辦？」

小朋友想了想：「我會先告訴坐在飛機上的人綁好安全帶，然後我掛上我的降落傘跳出去。」

當在現場的觀眾笑得東倒西歪時，林克萊特繼續注視著這孩子，想看他是不是自作聰明的傢伙。

沒想到，接著孩子的兩行熱淚奪眶而出，這才使得林克萊特發覺這孩子的悲憫之情遠非筆墨所能形容。

於是林克萊特問他說：「為什麼要這麼做」？

小孩的答案透露出一個孩子真摯的想法：「我要去拿燃料，我還要回來！」

「我還要回來！」這樣一句真摯而感人的話語真讓人感動。

如果一個人滿心裝的只有自己，其為人處事往往是以自我為中心，憑藉自我感覺去評判事物，而這種「自以為是」的標準會將人引向偏頗，從而做出錯誤的判斷，也就更談不上什麼預見了。

同樣如果一個只注重表面現象而不重事物的本質，往往會被表面現象所蒙蔽，導致分析判斷的單一與狹隘，做出頭痛醫頭，腳痛醫腳的事情就不足為怪了。

人的一生應該是屬於遠方，我們只不過是一個過種人而已，我們要去的地方是前方，在沒有達到目的之前，不應該為路邊的一枝花停留太久面而耽誤了前程。

俗話說：人無遠慮，必有近憂。因此，我們應該時常變換思考和研究問題的角度，使自己的視野更開闊，從而找到一個全新的視角，重新審視自己的做法和行為。

從「屢戰屢敗」到「屢敗屢戰」

命運之神也許可以實驗者對待小白鼠那樣操縱著我們，然而人卻不一定要像老鼠一樣活著，因為人還可以選擇。

有這樣一個關於曾國藩的故事，說的是曾國藩在與太平天國作戰初期，由於種種原因總是吃敗仗。在又一次被打敗之後，他急奏皇帝，一方面報告情況，一方面尋求對策，要求援兵。當時他的幕僚在起草奏摺，彙報戰況時有一句話是「臣屢戰屢敗，……」，他看到這個奏摺，覺得不妥，於是拿起筆起，將奏摺上的這句話改為「臣屢敗屢戰，……」，原字未動，僅僅是順序的改變，立時將原本敗軍之將的狼狽變為英雄的百折不撓。

這裡我們不探究這個故事表達的權謀方面的含義，我們探究的是為什麼「屢戰屢敗」會傳達給人失敗和痛苦的感覺，而「屢敗屢戰」則帶給人希望。

習得性無助是描述動物——包括人在內——在願望多次受到挫折以後，表現出來的絕望和放棄的態度。這時的基本心理過程是退縮和放棄，對人來說，還有自我懷疑、自我否定和自我設限等，使人變得悲觀絕望、聽天由命，聽任外界的擺布，任自己的命運隨著外力的強弱而上下起伏。

在人成長的過程中，如果在某一方面總是受到其他人的批評或負面評價，他傾向於漸漸形成一種信念，認為自己在這方面真的不行，從而放棄努力。同樣，人在做一件事的時候，如果一次又一次的遭到失敗，他也會傾向於放棄再試一次的努力，認為自己無論如何也做不好這件事。

但，不要忘了，人畢竟是人，是有智慧的生物，在我們的歷史上，的確有很多這樣的人，他們絕不輕言放棄，絕不會被挫折擊倒。失敗對他們而言，是學習和吸取教訓的機會，是下一次努力的台階。

這樣的人克服了內心的恐懼和障礙，從而具備了頑強的意志和高遠的智慧。他們不是「屢戰屢敗」的愚人，而是「屢敗屢戰」的鬥士。

人是可以思考的，更重要的，人還可以選擇，人可以透過駕馭自己的情感和意志來征服命運，從而實現生命的價值。這是人性光輝的地方，是人類英雄主義的根本特徵之一。正是有這樣的價值，「屢戰屢敗」和「屢敗屢戰」的含義才會有這樣巨大的差距。

執償生命慷慨的饋贈

最純潔的信仰是高尚理想的信仰，他是超越個人禍福觀念的。生前的利害不足縈其心，生死的賞罰也不在其念。

——羅家倫

有哲學家說，人類的一切行為都是出於對死亡的畏懼。死是人最不願意去做的事。然而，有人卻願意為了某種事業而去死，大概也正因為他們能夠超脫於死亡，所以才能創立永恆不死的事業。

有人為了自己的事業而願意奉獻自己的生命，路謠就是這樣的人，他背負著一種使命，長年累月的向目標跋涉，並最終完成了他那史詩般的巨著，然後轟然倒下。

早在路遙構思創作《平凡的世界》之前，他就因小說《人生》而名聲大震，各種榮譽和讚揚潮水一般的湧來。但是，路遙卻並沒有陶醉於鮮花和掌聲之中，他是一個有追求的人，他是一個永不滿足的人。

路遙的基本人生觀點是：「只有在無比沉重的勞動中，人才會活得更為充實。」

他渴望過一種沉重的生活，在他看來，只有先備受折磨，然後再突破障礙，人的精神才能達到一種忘我的境界，他說：「是的，只要不喪失遠大的使命感或者說還保持著較為清醒的頭腦，就決然不能把人生之船長期停泊在某個溫暖的港灣，應該重新揚起風帆，駛向生活的驚濤駭浪中，以領略其間的無限風光。人，不僅要戰勝失敗，而且還要超越勝利。」

在路遙自己看來，他的勞動絕不是為了取悅當代，而是為了給歷史一個交代。人不應該為了微小的收穫而沾沾自喜。他說：「最渺小的作家常關注著成績和榮耀，最偉大的作繭自縛家常沉浸於創造和勞動。勞動本身就是人生的目標。人類史和文學史表明，偉大勞動和創造精神即使產生一些生活和藝術的斷章殘句，也是至為寶貴的。

在當時，有許多人認為《人生》已是路遙事業的頂點，是無法越過的一個高度。但路遙心裡卻絕不承認這一點，他在激烈的思考著。

一個大膽的想法逐漸形成了，並成為未來兩千多個日日夜夜奮發追求的無上目標，他平靜卻是堅定的說：「我決定要寫一部規模很大的書。」

決心是好下的，但要使這一決心始終如一，並堅定不移的執行下去卻是非常困難的。路遙的創作很苦，每天十幾個小時的嚴酷工作，使精神過度緊張，營養嚴重失調，他被疲憊糾纏著。然而，這些在路遙的眼裡即算不了什麼，因為他有一個強列的信念在支撐著他，這一信念不停的激勵著他，「完成它！別停下！」

然而信念也是需要不斷被強化的，它要與挫折和困難進行不斷的鬥爭，每天入睡前，路遙總是兩眼金星飛濺，雙腳痙攣得挪不開腳步，有一種生命即將終止的感覺。想一想前面那個遙遠得看不見頭的目標，路遙控到心情十沮喪。於是，他便找來列夫．托爾斯泰的通訊錄，每天翻幾頁，從偉人那裡獲得巨大的勇氣和尋找答案。他說：「想想偉大的前輩們所遇到的更加巨大的困難和精神危機，那麼，就不必畏懼，就心平氣靜的入睡。」

《平凡的世界》第一部出版了，從總的方面看，它是被冷落的。但路遙的內心卻很平靜，他沒有洩氣，相反，對待工作更加嚴肅而苛求了。

路遙不時的回憶起青少年時期艱辛而卑微的生活。他對自已說：「眼下卻能充滿責任感與使命感，從事一種與千百萬人都有關係的工作，這是多麼值得慶幸。因此，必須緊張的抓住生命黃金段落中的一分一秒，而不管要付出什麼樣的代價。要格外珍視自己的工作和勞動。你一無所有走到今天為了生活慷慨的饋贈，即使在努力中隨時倒下也義無反顧。」

當寫完第二部作品時，路遙的身體終於垮了，只能躺在椅中喘息。但他說：「出於使命感，也是出於本能，在內心升騰起一種與之抗爭的渴望。一生中，我曾有過多少危機，從未想到要束手就擒，為什麼現在坐在這把破椅子裡毫無反抗就準備繳械投降？」

路遙回到了家鄉，在一位老中醫的幫助下，身體開始復原。他這樣「教導」自己：「是的，身體確實不好，但只要能工作，就不應顧及這一點。說穿了，這是在死亡與完成這部作品之間到底選擇什麼的問題——這才是實質所在。」

路遙知道自己在拿生命冒險，然而為了他的作品的早日問世，他已顧不了那麼多了。他的結論是：「必須接著做，」於是，他又開始動手寫第三部稿子。

又是經過無數個日夜的奮戰，《平凡的世界》終於完成了，它立刻在全國造成了轟動，並獲得第三屆茅盾文學獎。

因為過度的勞累，四年後，路遙猝然離世。

路遙就是這樣一個人，為了心中的那個目標，為了完成自己的使命，為了執償生命慷慨的饋贈，他願意去死。連死都不怕的人，什麼樣的困難能使他動搖、使他害怕呢！

誠然，如果一個人為了信仰連死都不怕，他必然會取得事業上的成功，沒有任何困難能夠阻止他前進的步伐。

「社會的個性」改變世界

人只有獻身於社會，才能找出那實際上是短暫而有風險的生命的意義。

——愛因斯坦

與戴高樂同時代的法國著名將領菲利浦．勒克雷爾。一九〇二年十一月生於法國北部一個古老的貴族家庭，他的祖輩因在十字軍東征中戰績卓著而受封，他的父親個性勤奮吝嗇，但又不失責任感和獻身精神；他的母親出身名門，是虔誠的天主教徒，善良、克儉。

這樣的家庭素養貴傳使勒克雷爾自幼生活簡樸，富於理想，意志堅強，集貴族的榮譽感和平民的自立精神於一體。他在享譽世界的聖西爾軍校受訓時，就深懷著一種使命感。當他以第五名的成績畢業後，毫不猶豫的選擇了最具冒險和進擊特色的騎兵。

年輕的勒克雷爾被派往保護國摩洛哥做教官。這裡的戰場是直插雲端的阿特拉斯山的寂寞無垠的沙漠，而他的士兵是散漫的當地人。雖然自己與士兵的生活習俗差異很大，但求真和質樸的品格使他很少有偏見，能充分公正的理解自己的士兵。他發現摩洛哥人是天生的戰士，驍勇剽悍，吃苦耐勞，善於沙漠和山地的行軍作戰，只要指揮得當，肯定是好樣的。

第二次世界大戰爆發，為掩護英法聯軍撤出敦克爾克，勒克雷爾所在的第四步兵師在法比邊界因牽制德軍陷入重圍。他受命潛過德軍陣地向南部法軍求援，被俘後設法脫身。在西歐大陸戰爭敗局已定時，勒克雷爾帶兵浴血奮戰。因德軍坦克勢如洪水，空襲壓頂而來，他又遭厄運，被抓入一座臨時戰俘營。

此時，整個法國兵敗如山倒，難民如潮湧。求和派使法國政府放棄了最後的抵抗。勒克雷爾不甘坐以待斃，再次逃出虎口投奔了堅持抗戰的流亡將軍——戴高樂。

勒克雷爾追隨戴高樂到北非創立了「自由法國」的第一塊根據地。一九四〇年八月，他以少校軍銜去奈及利亞發展抗戰部隊，又遇譁變，於是他自封上校帶著僅剩的二十五名官兵，划著兩條獨木舟轉戰喀麥隆。因國土淪喪而渙散的軍心被他堅忍不拔的統率力量所感召，當他的戰鬥部隊來到杜阿拉市時，竟受主和派守軍的開城歡迎。以後他的軍隊捷報頻傳，最後趕走了保守勢力。

一九四四年八月一日，勒克雷爾指揮著前身為「自由法國」的第二裝甲師參加了著名的諾曼第戰役，與英美集團軍一道力斷德軍西線脊梁。此刻盟軍將領面臨一個決擇：

是否解放巴黎？為了節省盟軍寶貴的人力、物力，爭取時間，盟軍下令繞開巴黎，快速追擊。但這時法國共產黨在巴黎發動了起義，並遭德軍鎮壓，同時，希特勒下令把巴黎夷為平地，起義者向盟軍統帥艾森豪求援，沒得到答覆。

就在這個危機時刻。勒克雷爾憑著他超常的敏銳，膽略與毅力，不顧軍令，命第二裝甲師向巴黎全速開進。此舉立刻在戴高樂的支持下促成了解決巴黎的最高軍令，奪回了祖國的心臟。勒克雷爾不負眾望，繼續統兵收復了全部本土，最後與盟軍一路所向披靡，直搗希特勒的老巢，取得了二戰的徹底勝利。

從勒克雷爾與環境的較量中，我們看到了個性的實力，看到了不良環境在面對一個開拓的、堅毅的個性時，是怎樣屈服的。環境的改變常常取決於人的個性實力，這種個性裡不僅蘊藏著智慧，而且具有責任感、毅力、勇氣和應變力共同組成的優秀意志。這可稱之為「社會的個性」。

愛因斯坦說：「人即是孤獨的人，同時卻又是社會的人。作為孤獨的人，他企圖保衛自己的生存和那些和他最親近的人的生存，企圖滿足他個人的欲望，並且發展他天賦的才能。作為社會的人，他企圖得到他的同胞的賞識和好感，和他們共用歡樂，在他們悲痛時給以安慰，並且改善他們的生活條件」。這才是最有「個性」的生命價值的展現。

黑夜給人以尋找光明的黑色眼睛

俗世的我們都是肉體凡胎，普遍和平凡人來就不是生存的罪過，但偉大和不朽也不是什麼人的專利。

人的生命是有限的。每一個人都只能活在很有限，甚至是無法認識的自我之中。康德也曾經把人的這種有限生存歸結成三個哲學問題：我能夠知道什麼？我應該做什麼？我可以希望什麼？

的確，每當我們一想到這個關於「生存」的轉瞬即逝總會有一種莫名的悲哀，我們簡直無法容忍自己怎能如此短暫的活在這個世界上。這種無法容忍，是塵世間的皇帝們在享受盡了人間的富貴榮華後，拼著老命不要也想長生不老的原因也罷，是和尚道士流泡製「來生」「天堂」「輪迴」來安慰自己的理由也罷。這一切的一切都絲毫不能妨礙這個世界上每天都有幾十萬人誕生，又有幾十萬人死亡的「生存」現實。

的確，這個世界上每時每刻所發生的無數大事小事中，與「某一個生存個體」有關的事，其形容詞幾乎是零，這一切的一切都讓我們對「生存」感到沮喪和失望。

可是，人們是否聯想過另一些場景，在人類的食物鏈上如果沒有一個個的「我」這個生命的瞬間，這種食物鏈還能伸延嗎?再者，這個世界上如果沒有了億萬個我的呼吸，我的欲望，我的行為。這個世界還存在嗎?

行尸走肉之類的詞絕不是發明出來唬人的，它是婦女媧造人時專門為那些忘記自己的人設計準備的漂亮外套。

當你一不小心認為它只是件漂亮外套時，你就錯了，錯得像一條找不到家瀕死的狗。

拒絕了解生存的人，終其一生只能發一陣又一陣的糊塗。

討厭了解生存的人，每天的成就便是做夢：夢裡漂泊，夢裡發財、夢裡英雄。

這個世界歷來很公平，總想成神仙的自己，大部分卻變成了誰也認不出來的孤魂；一天到晚除了享樂還是享樂的自己，全部的形象，活脫脫的就是一個趕著去地獄投胎的餓鬼。

生存是一把刀，解剖生存從來比解剖其他更難卻更有用。

人的一生就這麼一輩子，生不帶來，死不帶去，你嫌他長得醜、長得卑賤，不要他不行；你認定他與眾不同、出類拔萃，高興得歡呼雀躍，冷不防他就讓你栽個大跟頭。

生存背著存生的十字架走生存的路，一輩子能不踩著生存的影子走路的人，很少因為所有的生存者都習慣在白天有太陽的時候啟程上路。

其實，大家都忘了只有黑夜才給生存者把生存點燃的機會。

俗世的我們都是肉體凡胎，普遍和平凡從來就不是生存的罪過，但偉大和不朽也不是什麼人的專利。

一個人不管有空還是沒空，都應時常問一問，什麼才是生存心跳的滋味？

這裡有必要提一下，在現實生存中，有一種「反生存的力量」，譬如，盲目追星、金錢至上等等，之所以提到這種「反生存的力量」，旨在提醒有限的生存者，我們本來就已經生存得十分有限，如果我們還向這些「反生存」的東西妥協，也就意味著和「行屍走肉」妥協。

而妥協的結果是，自我生存中的一切，外貌、學識、個性、機遇、水準、理想、意志……全部都只是一種待價而沽的商品。我們的行為也成了一個個期待獲得期待利潤期待回報的投資，這種商品只能擺在虛無、自卑的超市中等待出售，等待獲取更多的「人生利潤」，那就不是抑或失卻了生存的本來面目。

當地球轉進二十一世紀的今天，現代人怎樣才能將有限的生存，存在於無限之中呢？

至少要投入一項事業。唯有這樣才能將自我渺小的有限的生命力，參與到一種偉大的力量體系中去並獲得與環境中「反生存」力量的抗衡之力。

盡最大力量讓生存中的每一個行為，都能改變自己的過去或彌補過去失誤的創傷。也就是說，所有的行為，對「生存」都應具有積極的意義。這樣，就能做到生而有限，存而無限。即本輯所提到的最有意義的生命價值。

第六輯　別猶豫，行動吧！

想到就做

當生命被逼到無路可退之時，那就只有橫下一條心，背水一戰了。因為背水一戰有可能生還，否則就只能坐以待斃。

社會生活中很多事情需要我們盡快做出決斷，決斷就是拿主意、作決定。決斷之前有若干選擇，決斷之後就只剩下了一種選擇。決斷之前有若干可能，決斷之後就只剩下一種可能。

敢於決斷需要魄力，善於決斷需要智慧。魄力多來自眼力。看清了才敢拿主意；智慧多來自心計，想透了才善作決定。

沒看清就匆匆決斷，那叫魯莽；沒想透就作決斷，那叫輕率。一般來說，苦果都是在魯莽和輕率時播下的。

未作決斷之前思維應力求多變，從各個角度、各個層面分析、權衡和判斷；作出決斷之後，思維應力求專一，那就是，堅決而毫不動搖的依照決斷做下去，即使付出沉重的代價，也在所不辭。

想到就做，就不會不舒服了！而未及時去做，恰好就給事故的發生提供了機會。

許多事情都敗在想到而不做上。懊悔常常是這樣產生的。花錢買了一個教訓，也買了一個經驗，這就是想到便要及時做，不要再只說說而已！古人云：「三思而後行。」但對於簡單明瞭的事情，一思即行往往會更好些。

過了四十歲，對時間的感覺就有點異樣了。不知不覺之間，一天過去了，一週過去了，一個月過去了，一年過去了，總之，日子是呈加速度的一晃而過去了。這時才明白人生可供揮霍的時間已經不多。才明白手頭還有那麼多的事情沒有做完，甚至根本來不及做。才明白小時候想的是趕快長，而四十歲想的是趕快做！

有緊迫感，總比無緊迫感好。

趕快做，總比悠著想強。趕快做，就是要把趕快做的事情按輕重緩急排隊，自覺的，下意識的從最重要的事情做起。趕快做，否則，白了頭時，是要空悲切的。

趕快做有時就要有某種衝動，保持某種衝動則保持了生命的活力。要有衝動，但不能事事衝動。

衝動意味著平靜被打破。一顆石頭落進池塘，池塘頓生一圈一圈漣漪，這漣漪就是衝動。一隻小鳥躍向天空，枝葉發生一聲一聲的顫響，這顫響就是衝動。冷眼旁觀，觀著觀著就忍不住捋起袖子想試試看，這試試看就是衝動。全無衝動的生命是活著的木乃伊。

當生命被逼到無路可退之時那就只有橫下一心，背水一戰了！因為背水一戰有可能生還，否則就只能坐以待斃，就像故事中的兩個人，他們的生命就被逼到了無路可退的境地，而這時應該背水一戰像跳下去的那個人一樣勇敢的跳下去。背水一戰屬於在特殊情況下的主動選擇。而主動選擇對生命來說，太重要太重要了。主動選擇展現了生命意志的不可摧折，展現了人在各種挑戰面前的求勝欲望與必勝信心。

一旦決定背水一戰，情況往往出現轉機。

一旦打響背水一戰，結果往往產生奇蹟。

看來已無希望之事出現了希望，看來無法實現之事卻偏偏實現，看來只能犧牲之路卻終於出現坦途……看來看去看出了一條結論：關鍵或危險時刻，背水一戰是最好的選擇！

什麼都不顧了，反能顧全許多；什麼都不想了，反能得到許多；什麼都可以捨棄，反而多有保留。

經歷過背水一戰，回顧往事，就會情不自禁的留戀，那真過癮！

只有跨越才可愛

人生之所以可愛，正在於它是一個跨越的過程與完成。

——尼采

「我要找一群向我說不的人！」當年四十五歲的董事長殷琪堅定的說：「我要將工程與台橡公司的領導階層年輕化到三十六歲！為什麼是三十六歲？因為我覺得我最好的狀態是在三十六歲之時，所以我要讓公司變成最好的狀態。」

已經換過三位經理級主管的殷琪，對於公司的進步幅度仍然不滿意，不斷的挑戰原本的狀態。只因為她相信：「沒有夕陽產業，只有夕陽公司，而我們絕不是夕陽公司！」

她甚至大膽的說，也許下一步是要換掉自己。她亦是一個不斷向自我超越的人。因為站在領導位置的人，要始終領先，從來不敢停。正如尼采所說：「達到自己理想境界的人，依然會試圖更上一層樓的。」

不過，誰知道冒險轉個彎會不會真有效果呢？

可是，既然問題已經浮現在眼前，不管付出多大的代價，都應該鼓起勇氣，冒險改變現狀，才有機會扭轉未來吧！

在一九九六年裕隆汽車廠實行廠辦合一之前，這家公司已經如同一個體型肥胖、反應遲鈍，又患有狂妄自大症的老人，沉湎於過去的光榮。

以前，經銷體系、各生產生產線幾乎是各自為政，從新店廠送個東西到三義廠，最少要花兩三個小時，工廠感受不到經銷體系的壓力。廠辦合一後，從行政大樓出去，到各廠區，頂多幾分鐘。集體式的「軍營生生活」拉近了所有人的距離，讓決策步調更緊湊，一有問題，嚴凱泰馬上就能召開相關幹部會，往往不到十分鐘就能解決，裕隆上下成為生命共同體，溝通與決策的效率大大提高了。

為了廠辦合一，裕隆共支付了高達七點五億元的資遣費及退休金，但後來裕隆每年節省超過二億元的薪資成本。廠辦合一改造裕隆的企業文化，也奠定裕隆轉虧為盈創造企業財富的基礎。

四年前，當副董事長的嚴凱泰帶著裕隆汽車員工到三義背水一戰時，他大概沒想到，一戰成名之後，帶給他個人和裕隆汽車的實質及精神回報，而這恰恰也是有準備冒險應得的回報。

歷史上有名的宰相管仲甚至還認為，一個國家不能長久在安定之中過日子，因為這就像喝毒酒一樣終究會自取滅亡。這也是成語「宴安鴆毒」的由來。

尼采用史詩般神聖且充滿勇氣的形容人生：「人生是一條高懸於深淵的繩索。要從一端越過另一端是危險的，行走於其間是危險的，回顧觀望是危險的，戰慄與躊躇不前都是危險的。人生之所以偉大，正在於它是座橋梁而非終點！人生之所以可愛，正在於它是一個跨越的過程與完成。」

為此，就讓我們朝著人生的冒險之路大膽前進吧！

堅持到底就是勝利

如果能確知自己完全無路可退，再怎麼怯懦的人，也立刻能成為最英勇的戰士，自然的挺起胸膛，去迎向任何挑戰，且必將勝利。

幻想是容易的，可是有了那麼多的幻想怎麼辦？

開始去做，立即行動。

有一位女作家，她在小學和中學的時候作文成績很差，國語教師對她說：「你的口才很好，你就靠演講來生活吧，你永遠都寫不出好文章。」

老師的話裡含有諷刺和否定的意思，使她在相當長時間裡都感到十分痛苦，在思考了一段時間後，她決定寫書。

她想：我為什麼不會寫呢？我是一個十分聰明的人，別人的頭腦比我好不了多少，為什麼別人能寫文章我卻不會寫？

有了這樣的打算之後，她立即著手去做，寫下了她的第一篇日記式小說，從此，她天天都會寫下各種各樣的東西，並慢慢走上了作家的道路。

不管你遇到了什麼樣的不幸，請記住一點，幸福依然是存在的，你不可放棄它。

這世界上什麼都有，什麼都是那樣的豐富和常見，只有幸福是稀少的、難覓的。在追求幸福的歷程中，各種各樣的挫折會出現在你面前，甚至給你以打擊。但即便如此，你也不能放棄，不能退縮。因為只有採取積極進取的態度，吸取值得吸取的教訓，才會克服困難，戰勝挫折，才能獲得成功，找到幸福。

我們不論是在各種比賽和競爭中，還是在升學求職，在事業上，都要在挫折面前採取積極的態度。無論你遇到了怎樣的艱難困苦，特別是在遇到巨大的精神壓力的時候，你都要堅強的活下去。

只要你對未來抱有希望，幸福就會降臨你的身邊。如果你對未來失去了信心，那麼一切都將是另外一種情景和結果。

對未來幸福的追求，是人生中絕對不可缺少的東西，它是人生的動力，是人生的精神支柱，是人生理想中永恆的內容。有追求就有希望。

唐朝鑑真和尚東渡的故事是典型的堅持到底就是勝利的故事。五次東渡日本失敗，他並沒有猶豫就此罷休，始終不改初衷。後來他不顧眾人勸阻，訓練了船工，做了充分的準備，又於西元七三五年，以六十六歲高齡，置雙目失明於不顧，毅然進行了第六次東渡。最後艦隊終於衝破了東海的驚濤駭浪，成功的到達了日本。最終成為一位高僧。

在實現幸福的征程中，人人都會遇到各種挫折。只有盡自己的最大努力，採取積極進取的態度，吸取值得吸取的教訓，克服困難，戰勝挫折，才能獲得成功。

當然，並不是人人都能夠達到自己預期的目標，有的人甚至終生一事無成。

但即使這樣，只要盡到了努力，他們在反省自己時，也會在內心感到寧靜而幸福。無論如何，他是盡了自己的最大努力，他的生命是無憾無悔的。

克里蒙梭的「忍耐」與麥當勞的「堅持」

成功的祕訣在於「堅持」和忍耐的毅力，成功偏愛執著的追求者。世界上許多名人的成功都來自於克服千辛萬苦，持之以恆的努力。

第一次世界大戰時，克里蒙梭在歐洲政壇上十分活躍，他的私人醫生告訴他：「總統閣下，您必須珍重自己的身體，因為您抽的菸已經太多了。」

由於當時有很多重大的事件要處理，所以他不得不服從忠告，而他最喜愛的雪茄，受到了每天六支的限制，他一氣之下宣布：「既然要受到限制，乾脆戒掉算了。」但是，克里蒙梭的桌子上依然放著雪茄盒，而且蓋子總是打開的，看到這種情形，平日裡和他親近的朋友就故意挖苦說：「聽說總統閣下已經戒菸了，看來，老毛病又犯了。」

對於這種說笑，克里蒙梭以痛苦的表情答道：「勝利的喜悅必須經過艱苦的戰役才能獲得。喜愛抽菸的我，將雪茄放在眼前，當然會受到無法忍受的欲望的驅使，但只要能忍耐下去，就會獲得勝利，就能做超越自己能力的事。」

成大事者，必須學會超人的忍耐，學會超人的毅力，然後成功就會在忍耐和毅力中到來。

一九八四年，麥當勞奇蹟的創造者雷．克羅克與世長辭，享年八十一歲。在麥當勞總部的辦公室裡，懸掛著克羅克的座右銘——《堅持》，其文寫道：在世界上，毅力是無可替代的——才能無法代替它，有才能卻失敗就是蠢才；天才無法代替它，沒有報償的天才只是個蠢才；教育無法代替它，世界上到處是受過教育的廢物，只有毅力和決心是無所不能的。

四個和尚的故事

想得好是聰明，計畫得好更聰明，做得好是最聰明又最好。

——拿破崙

唐朝有一著名禪師，門下有一個弟子慧通。慧通參禪多年，仍無法開悟。一天晚上，慧通誠懇的向師兄慧靈訴說自己不能悟道的苦惱，並求慧靈幫忙。

慧靈說：

「我能幫你的忙當然樂意之至，不過有三件事我無能為力，你必須自己去做！」

慧通忙問：「是哪三件」？

慧靈說：「當你肚餓口渴時，我的飲食不能填你的肚子，我不能幫你吃喝，你必須自己飲食；當你想大小便時，你必須親自解決，我一點也幫不上忙；最後，除了你自己之外，誰也不能馱著你的身子在路上走。」

慧通聽罷，心扉豁然洞開，快樂無比，他感到了自我的力量。成功，首先始於自願自覺。

當一個失去生活的目的和意義，萬念俱灰之時，我們說「無可救藥」；當一個人動念頭，認了死理，哪怕上刀山下火海不達目的不甘休時，我們說「矢志不渝」。

我們從小讀過這樣一則古代寓言：「蜀之鄙有二僧……」在的偏遠地區有兩個和尚，其中一個富裕，一個貧窮。有一天，窮和尚對富和尚說：「我想到南海，您看怎麼樣？」

富和尚說：「你憑藉什麼去呢？」

窮和尚說：「我一個水瓶，一個飯缽就足夠了。」

富和尚說：「我多年來就想租條船沿著長江而下，現在還沒做到呢，你憑什麼去？」

第二年，窮和尚從南海歸來，把去南海的事告訴富和尚，富和尚深感慚愧。

窮和尚與富和尚的故事說明一個道理：說一尺不如行一寸，行動才會產生結果。

多進一步

多進一步，往往會有意想不到的收穫和發現。

你是不是從小就被這樣教導：做到自己分內的事情就好，不要多管閒事。」或許連要把自己分內的事情做好的專注能力都不夠了，更何況還要多做些什麼呢？可是，對冒險成功的人來說，不僅要努力做好分內的事情，而且，最好能夠多進一步才行呢！

多年來始終在世界富豪排名中獲得前幾名的新光集團，以壽險起家的大家長蔡萬霖，教導後輩的一件最基本，也最重要的事情就是：不但是認識這個人，而且要認識他周圍的人。

因為如果需要讓這個人做一個大決定，通常在他身邊的重要人物可以發揮很大的影響力。

因此，人際關係上，能夠更進一步，便能夠入虎穴得虎子。

在人際關係上如此，在工作能力的培養上更是這樣。

摩托羅拉臺灣區總經理瞿有若，在辦公室貼了這樣一句話：Walk extra mile!（多走一英里！）

這位博士學位的總經理，每次有新的業務員報到，他就會和新人共勉一次：「多走一步，不要怕麻煩、不要怕嘗試，多進一步，往往會有意想不到的收穫和發現。」

因為瞿有若自己就是身體力行者。當初在威斯康辛大學麥迪森分校安安穩穩的做博士研究，冬天時還可以欣賞窗外結冰的湖面，偏偏電腦大熱門，於是他再多念一個電腦碩士。結果，讓他發現通訊領域的新天地。

著名的天文學家伽利略打破時代傳統，進一步以「實驗」的科學方法，打破亞里斯多德的哲學玄想，從吊燈擺動的規律性，發現單擺擺動的原理，改變了人類計算時間的方式。

其實，成功者只是多走一步，多進一步的人，而你，同樣也可以。不信，就試試看。

別怕，去經歷吧！

勇於拋開過去，走向新的旅程。

寫過《不帶錢去旅行》的上班族麥可．英泰爾，三十七歲那年下了一個瘋狂的決定，放棄他薪水優厚的記者工作，把身上僅有的三塊多美元捐給街角的流浪漢，只帶了乾淨的內衣褲，決定由陽光明媚的加州，靠搭便車與陌生人的好心，橫越美國。

這是他精神快崩潰時做的一個倉猝決定，某個午後他「忽然」哭了，因為他問了自己一個問題：如果有人通知我今天死期到了，我會後悔嗎？

答案竟是那麼的肯定：雖然他有好工作、美麗的同居女友、親友，他發現自己這輩子從來沒有下過什麼賭注，平順的人生從沒有高峰或低谷。

他為了自己懦弱的上半生而哭。

一念之間，他選擇北卡羅萊納州的恐怖角作為最終目的，藉以象徵他征服生命中所有恐懼的決心。

他檢討自己，很誠實的為他的「恐懼」開出一張清單，打從小時候他就怕保姆、怕郵差、怕鳥、怕蛇、怕蝙蝠、怕黑暗、怕大海、怕飛、怕都市、怕荒野、怕熱鬧又怕孤獨、怕失敗又怕成功、怕精神崩潰……他無所不怕，卻好像很「英勇」的當了記者。這個懦弱的三十七歲男人上路前竟還接到奶奶的紙條：「你一定會在路上被人殺掉。」但他成功了，四千多里路，七十八頓餐，仰賴八十二個陌生人的好心幫助。

沒有接受過任何金錢的饋贈，在雷雨交加中睡在潮溼的睡袋裡，也有幾個像公路分屍案殺手或搶匪的傢伙使他心驚膽戰、在遊民之家靠打工換取住宿、住過幾個破碎家庭、碰到不少患有精神疾病的好心人，他終於來到恐怖角。

他不是為了證明金錢無用，只是用這種正常人會覺得「無聊」的艱辛旅程來使自己面對所有恐懼。

恐怖角到了，但恐怖角並不恐怖，原來「恐怖角」這個名稱，是由一個十六世紀的探險家取的，本來叫「Cape Faire」，被訛寫為「Cape Fear」，只是一個失誤。

麥可．英泰爾終於明白：「這名字的不當，就像我自己的恐懼一樣。我現在明白自己一直害怕做錯事，我最大的恥辱不是恐懼死亡，而是恐懼生命。」

花了六個星期的時間，到了一個和自己想像無關的地方，他得到了什麼？得到的不是目的，而是過程。雖然苦、雖然絕不會想要再來一次，但在回憶中是甜美的信心之旅，猶如人生。

也許我們會發現，努力了半天到達的目的的，只是一個「失誤」。但只要那是我們自己願意走的路，就不算白走，就會有所收益。

走過寒冬便是暖春

憑毅力與彈性去追求所企望的目標，最終必然會得到所要的，千萬別在中途便放棄希望。

常聽見一些人說：「為了成功，我曾試了不下上千次，可就是不見成效。」你相信這句話是真的嗎？別說他們沒試過上百次，甚至於有沒有十次都頗令人懷疑。或許有些人曾試過八次、九次，乃至於十次，但因為不見成效，結果就放棄了再試的念頭。

成功的祕訣，就在於確認出什麼對你是最重要的，然後拿出各樣行動，不達目的誓不甘休。

不知道你是否聽過桑德斯上校的故事？他是「肯德基炸雞」連鎖店的創辦人，你知道他是如何建立起這麼成功的事業嗎？是因為生在富豪家、念過像哈佛這樣著名的高等學府，抑或是在很年輕時便投身於這門事業上？你認為是哪一個呢？

這種種答案都不是，事實上桑德斯上校於六十五歲時才開始從事這個事業，那麼又是什麼原因使他終於拿出行動來呢？因為他身無分文孑然一身，當他拿到生平第一張救濟金支票時，金額只有一百零五美元，內心實在是極度沮喪。但他馬上便心平氣和，思量起自己的所有，試圖找出可為之處。頭一個浮上他心頭的答案是：「很好我擁有一份人人都會喜歡的炸雞祕方，不知道餐館要不要？」好點子固然人人都會有，但桑德斯上校就跟大多數人不一樣，他不但會想，還知道怎樣付諸行動。他開始挨家挨戶敲門，把想法告訴每家餐館：「我有一份上好的炸雞祕方，如果你能採用，相信生意一定能夠提升，而我希望能從增加的營業額裡抽成。」很多人都當面嘲笑他：「得了罷，老傢伙，若是有這麼好的祕方，你幹嘛還穿著這麼可笑的白色服裝？」

但這些話沒有讓桑德斯上校打退堂鼓，絲毫沒有，因為他還擁有天字第一號的成功祕方，即「能力法則（Personal Power），意思是指「不懈的拿出行動」：在你每當做什麼事時，必得從其中好好學習，找出下次能做得更好的方法。桑德斯上校確實奉行了這條法則，從不為前一家餐館的拒絕而懊惱，反倒用心修正說詞，以更有效的方法去說服一家餐館。

桑德斯上校的點子最終被接受，你可知道先前被拒絕了多少次嗎？整整一千零九次之後，他才聽到了第一聲「同意」。在歷經一千零九次的拒絕，整整兩年的時間，有多少人還能夠鍥而不捨的繼續下去呢？相信很難有幾個人能受得了二十次的拒絕。更遑論一百次或一千次的拒絕。然而這也就是成功的可貴之處。如果你好好審視歷史上那些成大功、立大業的人物，就會發現他們都有一個共同的特點：不輕易為「拒絕」所打敗而退卻，不達成他們的理想、目標、心願就絕不甘休。

所以即使你身處事業的絕境，你仍然可以這麼想：「縱使我此刻情況不佳，但依然有些值得感恩的地方，例如還有好朋友，腦筋也沒錯亂，甚至於還能呼吸，這就還有希望。」

要不斷的提醒自己留意所想要的，別只看見問題卻不見解決的辦法。你更應告誡自己，即使那些問題此刻困擾著你，但絕不會一輩子纏著你而不離去。不管在釣魚上或心情上有多麼不順遂，你都絕不能讓生命再陷在其中。同時，你要堅信你的好時光只是尚未到來罷了。

只要能不斷辛勤灌溉所種下的種子——持續去做對的事情——那麼就會走出人生的冬季、進入春季，多年看似不見成效的努力就終必有收穫的一天。就從今天起拿出必要的行動，哪怕只是小小的一步。

現在就做

在我們一出生時，就應該有人告訴我們：你已朝向死亡前進。那麼我們就會全心全意的好好生活，善用每一天和每一分鐘。

——蘭登

《活在當下》有這樣一段話：「如果把生命的每一天，每一次呼吸，都看待為正在雕琢的藝術品，那將是怎樣的生命形態？把自己想成一件未完成的藝術，每一天裡的每一秒鐘，一件偉大的藝術創作隨著一次次的吐納而逐漸成形。」——西方藝術家克倫姆。為什麼說「活在當下」？簡單的說，如果我們能夠去體驗生命中的每一分每一秒，真正的滿足就在當下，而不是渺茫不可知的未來。

想做、該做的事現在就做。是，做好當下要做的事，體會當下的感覺，用心去活，這就對了。在英文裡，present 有兩個意思，一是禮物，一是現在。「現在」就是上天賜予的禮物。與所親愛的人共處，尤其如此。

「樹欲靜而風不止，子欲養而親不待。」失去親人，失去伴侶，我們才開始懷念他，大病住院，才發現健康的可貴。每一次的天災人禍，每一次的生離死別，往者已矣，生者痛不欲生，有的不甘不捨，有的怨歎命運，但更多的是，悔恨對方存活時，未能好好相處，留下無比遺憾。

天災人禍，如果說有什麼正面意義的話，除了「居安思危」的教訓之外，就數對「活在當下」這句話的體悟。只不過事過境遷，還有幾人能記取教訓，好好把握當下，珍惜現有，不再浪費生命，不再怨天尤人，不再和朋友親人嫌隙齟齬？

我們經常在懊悔中度日，然後立誓，從今以後要如何如何。事後卻往往忘了自我的承諾，直到下一次的後悔。有一句話：「要活得像明日就要死去一樣。」不是要消極度日，不是要盡情享受，不是要短視近利，不是麻木苟活。而恰恰相反是要把握當下。

時間，由無數個「當下」串在一起。每一瞬間、每一個當下，都帶有有恆的種子。抓住每一個當下，人生了無缺憾。套用一句伯納德·傑森的話：活得夠長，不一定活得夠好；但是活得夠好，就是夠長了。大多數人都希望能做些使生命更完整的事，而且也都意識到這件事的迫切。那麼，還等什麼呢？為什麼不現在就做？

為什麼不現在就做？

在嘗試中確認自己

事情要先做起來，才能判定自己行或不行。

事情要先做起來，才能判定自己行或不行，因為太多的事情對社會來說前所未有，對參與者來說從未做過。太快的發展和太多的選擇逼著人們要先動起來，做與學同步，順學做之過程，透視自己的優勢，發揮自己的長處。「嘗試」——作為一種行為方式，一時間幾乎成為時代的行為特徵了，已經很少有人從未體會過「嘗試」了。這種方式有助於人順行動之自然理解自己，在盡力做事的過程中發現自己潛在的獨特能力。

有一位南非女孩，從十六歲就開始徒步旅行，用兩年多時間，途經十四個國家，步行一萬六千多公里，縱跨非洲大陸，闖入金氏世界記錄奇蹟榜。這就是二十六歲的菲奧娜．坎培爾。在菲奧娜的整個旅途中，最艱苦的日子是在薩伊境內。一九九一年九月，那裡政局混亂，她被法國外籍軍團空運出境。當她又回來時，她的戶外生存訓練教練米爾斯陪她日行五十公里。但以後的幾個月如惡夢一般，她走到哪裡都遭到滿懷敵意者的攻擊，他們向她扔石頭，肆意侮辱她、打她。

她在答記者問時說：「當地人既仇視又害怕我們，以為我們是人販子，專吃婦幼的野人，當大大小小的石頭落在身上，你唯一的辦法是保持原來的速度繼續前進，一切都註定了的，不要抱怨，不要消沉。」不幸的是她和米爾斯又得了痢疾，之後他們在熱帶雨林裡整整困了七個月，從早到晚，頭髮就沒乾過，衣服也在發霉，身上處處是瘡，難以癒合。她指著身上圓錐型膿包對記者說：「你光看外表乾了，以為已經好了，其實不然，裡面還是爛的。」

儘管如此，菲奧娜從未想過放棄。菲奧娜說：「當你不知道何去何從的時候，你會感到世界是如此空曠，廣漠而令人迷茫。這是一次折磨人的探險。你一般只要吃幾個月的苦就足夠了，這一次卻整整持續了兩年時間。所以我必須好好的安排生活。」在這樣環遊世界的真實跋涉中，菲奧娜的許多想法都在發生根本的轉變。她曾因為不得不隨著身為皇家海軍軍官的父親搬了二十二次家、轉了十五次學而怨恨父親。但在她走完了從雪梨到珀斯的五千公里路程時，也走出了對父親的怨恨。

現在的菲奧娜已顯得超出自己年齡的成熟與自信，她的周遊計畫沒變，但周遊的初衷已經變了。她認真的說：「我現在明顯的變了一個人，雖然我說不出到底哪裡變了，但我肯定是有不少變化。我現在已經看到我需要的一些東西，以前我從未意識到我需要它們——比如家庭。」

一路上她對自己原有的文化背景也禁不住作了深刻的反思：「在非洲的有些日子是我一生中最幸福的時光。從那裡的非洲人中間，我看到一種恬淡與和諧，一種愉悅與溫馨，我真想成為他們中的一員。他們擁有真正的快樂與友誼，他們對人的洞察力遠比我們西方人強，我們不善於傾聽別人講話，而他們注意你的一舉一動，包括你的身體語言；在他們面前，你無法掩飾。」

菲奧娜的行動可能也是許多年輕人的夢，但她勇敢的將夢一個個賦予了行動。而且她在行動中發現，表達並昇華了自己對一個個嶄新環境的敏銳的感悟和理解能力。這種超凡脫俗的經歷和心路沉澱成為她一生的精神寶藏，那些極特殊的環境挫折從不同維度開發了她的潛能，啟動了她潛在忍受力、爆發力、應變力、支配性和獨創性。當她閱歷了各種文化環境後，她才更知道自己是誰，自己能做什麼，才真正懂得了生命的真諦。

發展才是你的「陽光」

在我們塑造自己的個性特質時，往往會屈從於權威、輿論或功利的意圖，而忽略了自己和環境的長遠需要，忽略了自我的天性基調，忽略了生活本身。

在我們塑造自己的個性特質時，往往會屈從於權威、輿論或功利的意圖，而忽略了自己和環境的長遠需要，忽略了自我的天性基調，忽略了生活本身。這使我們在努力過後，在成功裡仍無法獲得發自內心的滿足和喜悅；使我們走了一步，又煩惱下一步，把發展變成一種沒完沒了的應付，使成長淪為一種扭曲。

所以我們有必要時常反省自己的個性塑造，打開眼界，以發展的眼光追究自己的品格，這對一個人的命運有如清風、陽光，會讓你感到發展正是你所需要的，會讓你覺得每一步都是在為今後鋪路，會讓你覺得生活的道路越來越寬廣。

美國富翁之一克里蒙·斯通是美國聯合保險公司的董事長，認為自己最有價值的品格是「積極的人生觀」。他生於一九〇二年，童年時家在芝加哥南區。為了賣報紙，他多次被餐館的老闆趕出來，但還是一再溜回去。顧客們見他如此頑強，便勸餐館的人腳下留情，不要再踢他出去，於是他忍著痛，賣掉報紙，掙了不少錢。這事令他深思：「我哪一點做對了？」「那一點做錯了？」「下次我該怎樣處理同樣的情形呢？」

此後，他一生中都在這樣問自己。期通很小時父親就去世了，扶養他長大的母親對他個性的形成影響很深。他母親幾年裡替別人縫衣服存了一點錢，在斯通十幾歲時母親用這點錢在底特律開了一個小的保險經紀社，替美國傷損保險公司推銷意外保險和健康保險。十六歲的期通在暑假裡和母親學習推銷。當母親指導他走進一棟大樓怎樣操作後，也許是已進入青春期的他更在乎面子的原因，當年賣報紙的厄運又翻上心頭，他望著那棟樓開始發怵。

但他沒有退回去而是一面發抖，一面默念自已的座右銘：「如果你做了，沒有損失，還可能大有收穫，那就動手去做，馬上就做！」於是他行動起來，像當年被踢出餐館後那樣壯起膽子走入大樓，走遍了所有的辦公室，結果只有兩人買了他的保險，但是在推銷的經驗上收穫不小。經過四年自我訓練和自我激勵，他取得了超乎尋常的成功。他的準則是：「如果你以堅決的，樂觀的態度面對艱難，你反而能從中找到益處！」銷售是否成功，決定於推銷員，而不是顧客。「他總是從主觀上找問題的原因和解決辦法。他走出辦公室，直往紐約州親自推銷。事實證實了他的見地。

在大恐慌最嚴重的時期，他的傷損保險成交份數竟與鼎盛期持平。他發現了在繁榮期被忽略了的推銷態度和方式問題。於是他開了有關 PMA 的推銷講座，並花了一年半的時間，到各分部與遇有困難的推銷員談話，和他們一起學習，探討推銷術。

一九三八年，已經成為百萬富翁的斯通正準備自己組織保險公司，恰遇賓西法尼亞傷損公司停業待售，斯通看中了它的潛在價值——此公司仍持有三十五個州的營業執照。第二天他找到這家公司的所有者——商業信託公司說：「我要買你的保險公司。」「好的，一百六十萬塊錢，你有這麼多錢嗎？」「沒有，但是我可以借到這筆錢。」「跟誰」？「跟你們。」經過幾度唇舌交鋒，商業信託公司還是同意了。這就是克里蒙．斯通王國的奠基石。

後來，斯通的公司發展到國外，一九七〇年銷售額兩億元。擁有五千名熟悉PMA的推銷員，其中有二十人是百萬富翁。

之後，他又涉足很多行業領域，都取得了相當大的成功。當克里蒙．斯通以發展的眼光追究自己的品格時，赫然在腦的即是那種從不怠懈的人生態度，而這是從他媽媽那裡學來的，是在他童年被踢出餐館時就已經孕育了的。

與其猶豫不決，不如先試著做一下

缺乏行動能力的人，總是為自己的行動先尋找理由。

在生活中，有的人很會討女性喜歡。這也是一種行動能力。他們從來不考慮「求愛會不會被拒絕」之類的問題。而不精於此道的人，總是先找求愛的藉口。可是，天下哪有無限的求受機會呢。待時過境遷了再問對方：「可以交朋友嗎？」「不行！」就被一口回絕了。

遇到危機和困境而又缺乏行動能力的人，總是為自己的行動先尋找理由。一般來說，編造種種藉口和理由拒絕行動的人，為了掩飾自己缺乏行動能力的弱點，用一整套懶漢理論武裝了自己。他們不想冒險擺脫危機或困境，就像引言故事中抓住樹幹不放的那個人，他只想著等人來救，卻孰不知，這樣下去才更有可能因耗盡精力而魂歸空谷。

為了使自己的人生向前邁進，哪怕只是一步兩步，只要採取行動就是勝利。「著手做好呢，還是放棄不做好呢？」有這種猶豫的時間，還不如先試著做一下。

行動前，感到猶豫或煩惱，是因為在為行動尋找合適的理由。不管採取什麼行動，不假思索就開始做，確實需要一種勇氣。誰都害怕失敗。「不做該多好」這樣的後悔藥誰都不想吃。

所以，行動前總想找到自己能夠接受的理由，找到「應該做這件事」的必然性。但是，抱著做每件事都要找理由的態度，就不會有真正的行動能力。有行動能力的人，不需要行動的理由，就能夠毫不猶豫的迅速行動。他們絕不是先找到理由再行動，而是先行動起來再考慮「我為什麼做這件事」。理由與必然性總是在「行動」之後才產生形成。

在就職諮詢活動的大學生當中，行動能力差的學生，早晨起床就想「今天要去公司諮詢，該換上西服套裝」；行動能力強的學生則先穿上西裝再想「今天要做什麼？」即便事先沒有預定去公司諮詢，也先穿上西服再說。這樣一來，家裡人都看在眼裡，也就不好意思整天待家裡。還是先走出家門，找點與筆挺的西服相配的事情做。譬如說去大學的就職科看看也可以嘛。這種推著自己一步一步向前走的力量，就是真正的行動能力。相信具備真正的行動能力的人，是沒有什麼障礙或未知，譬如引言中的「懸崖」能阻擋他們前進的腳步。

就是行動

放手一搏吧！

——耐吉公司總裁費爾耐特

人的一生有很長的路途等著我們走，有很多的事情等著我們做。於是籌畫，謀慮，瞻前顧後，尋求那種天衣無縫的方案，等待那種條件完完全全成熟的時刻，才預備行動。

這種嚴謹無可挑剔，但其效果值得懷疑。這違背了一個最樸素的真理：草鞋沒樣，邊打邊像。

只有在開始行動的過程中，才更清楚目標的具體指向、具體狀況、具體困難和需要排除的具體障礙。坐在家裡想是想不出來的，想像出來的總是大概。大概是一回事，實際又是另一回事。最好的方案總是在開始行動過程中形成和完善的，最好的時刻也總是眼下這珍貴的時刻。

如此，我們更主張拿起工作就做、提起腳就走這種一種乾淨俐落的做事風格。

如果你確想上路，那麼，現在就行動。

下面聽一聽莎士比亞為哈姆雷特所寫的台詞：「……現在我明白有理由、有決心、有力量、有方法可以動手去做我所要做的事，可是我還是在大言不慚的說：『這件事需要做』。但卻始終不會在行動上表現出來，我不知道這是因為得了健忘症呢？還是因為三分怯懦、一分智慧的過於審慎的顧慮。」

這樣的心情是不是非常熟悉？好像也常常在你們心中響起？也許你會想，既然害怕，畢竟也已經盡力想過了，沒辦法就是沒辦法，也不能勉強自己等。

但是，莎士比亞接著說：「重重顧慮使我們全變成了懦夫，決心的赤熱光采，被審慎的思維蓋上了一層灰色，偉大的事業在這一考慮之下，也會逆流而退，失去了行動的意義。」

一句話，想太多，不敢冒險，你就失去了一切你想要的。這樣不夠可怕嗎？卡羅素喜歡幫助別人，求助的人幾乎都是他不認識的。他太太有一次責備他不該這樣大方施捨：「這些人絕對不是個個都值得你這樣幫助。」他也同意：「當然不是，不過請你告訴我，怎麼決定誰值得誰不值得呢？」

一個消防隊長很自然的說，他們其實沒有那麼偉大，都是平常人，只不過在遇到危機時，習慣沒有猶豫，就是行動救人，如此而已。

托爾斯泰說：「冒險的要領是不要想太多。如果連想都沒想，那也不是什麼大不了的事。人類就是因為什麼都想過，才會什麼都小題大作。」如果你的個性像子路一樣衝動莽撞，行動力超強，那麼，的確，我也像孔子一樣，認為你可以先問一下父兄的意見再去行動，但是如果你不是，那麼，這篇文章正是要送給你的。

但如果你看了之後更想上路，那麼還猶豫什麼，現在就走吧！

尾聲——給自己一段懸崖

人之一生，不是每條河流都可隨性泛舟；不是每段旅程都有鮮花美酒；不是每座高峰都能聽雁長謳……

也許你已步入懸崖的邊緣，卻毫不知曉，因為有太多行為上的錯誤根由絕非緣於我們思考上的無知；也許你正身陷囹圄，而無所適從，因為有太多的參照之物讓你無從選擇。

絕境中的思考會在行動的瞬間把我們的命運拋到人生的另一個起點，從而開始又一個全新的歷程。就像本書引子中的兩個「倒楣」的人——必須有所選擇，哪怕無法從容；必須做出選擇，哪怕別無選擇。

嚴冬裡的生命總是讓人無比激動。跳下懸崖後的那條路，一定荊棘叢生，但也一定充滿光明，儘管這一次放手也更大可能的就此「永生」。

給自己一段沒有退路的懸崖，就是給自己一個攀登生命高峰的機會，而這一機會就把握在你我自己的手中。

就是行動

電子書購買

國家圖書館出版品預行編目資料

困境、絕望、逆襲、重生：既然崖邊已經沒有退路，不如放手一搏義無反顧 / 莫宸著 . -- 第一版 . -- 臺北市：崧燁文化事業有限公司，2021.10

面；　公分

POD 版

ISBN 978-986-516-877-3(平裝)

1. 職場成功法

494.35　　110016349

困境、絕望、逆襲、重生：既然崖邊已經沒有退路，不如放手一搏義無反顧

臉書

作　　者：莫宸

發 行 人：黃振庭

出 版 者：崧燁文化事業有限公司

發 行 者：崧燁文化事業有限公司

E-mail：sonbookservice@gmail.com

粉 絲 頁：https://www.facebook.com/sonbookss/

網　　址：https://sonbook.net/

地　　址：台北市中正區重慶南路一段六十一號八樓 815 室

Rm. 815, 8F., No.61, Sec. 1, Chongqing S. Rd., Zhongzheng Dist., Taipei City 100, Taiwan (R.O.C)

電　　話：(02)2370-3310　　　傳　　真：(02) 2388-1990

印　　刷：京峯彩色印刷有限公司（京峰數位）

版權聲明

本書版權為作者所有授權崧博出版事業有限公司獨家發行電子書及繁體書繁體字版。若有其他相關權利及授權需求請與本公司聯繫。

未經書面許可，不得複製、發行。

定　　價：375 元

發行日期：2021 年 10 月第一版

◎本書以 POD 印製

獨家贈品

親愛的讀者歡迎您選購到您喜愛的書，為了感謝您，我們提供了一份禮品，爽讀 app 的電子書無償使用三個月，近萬本書免費提供您享受閱讀的樂趣。

ios 系統　　安卓系統　　讀者贈品

請先依照自己的手機型號掃描安裝 APP 註冊，再掃描「讀者贈品」，複製優惠碼至 APP 內兌換

優惠碼（兌換期限 2025/12/30）
READERKUTRA86NWK

爽讀 APP

- 多元書種、萬卷書籍，電子書飽讀服務引領閱讀新浪潮！
- AI 語音助您閱讀，萬本好書任您挑選
- 領取限時優惠碼，三個月沉浸在書海中
- 固定月費無限暢讀，輕鬆打造專屬閱讀時光

不用留下個人資料，只需行動電話認證，不會有任何騷擾或詐騙電話。